縦と横

森本光生

日本語は縦書き，英語は横書き．だから，英会話をしながらの食事を「横飯(よこめし)」と言ったりする．生まれも育ちも日本の私などは「横飯」が続くと，「縦飯」がたまらなく恋しくなる．

しかし，日本の小学校では，国語は縦書き，算数は横書き．当たり前のこととして誰もが受け入れている．ちょっと不思議な気がする．

江戸時代は，読み物も『塵劫記』もすべて縦書き．横書きの算術の本などなかった．それが今のようになったのは，1872(明治5)年，学制が制定され，小学校で教える「算術ハ洋法ヲ用フ」となったからである．よく「和算」に替えて「洋算」を取り入れたというが，「和算」も数学なので「和算」を廃止できるわけはない．算数を横書きにすること，そのため，算用数字(アラビア数字)を採用することが，この改革の主眼であった．日本語表記という見地でみると，一大革命であった．

私はこの20年間，関孝和や建部賢弘の数学書を読み，彼らの数学に感銘を受けた．特に，建部賢弘の『綴術算経』や，関孝和の『発微算法』，『括要算法』．それに，関孝和と建部兄弟の編集した全20巻の『大成算経』．素晴らしい数学の世界が，生まれたての状態で提示されている．この感激を世界に発信したいと思い，彼らの著作の英訳を試みている．そこで出会ったのが,縦と横の相克である．

縦書きで書かれた数学書を横書きにするには，逆時計回りに九十度回転させれば，上から下への縦書きが，左から右への横書きに機械的に変換できる．算木を形どった算籌数字は，算用数字に置き換えればよい．漢数字など見苦しいが，そのまま放置する．これで，形の上では，縦書きは横書きに直ってしまう．

しかし，こうして得られた横書き文書は，現代日本語の数学書としては何の感激も伝えない．それを英語に訳しても，何の意味もない．和算家たちの数学の世界を，自分の頭の中で再生して，再生された美しい数学を現代語で表現しなければならない．また，天元術や傍書法などの縦書き数学記法を，どのような横書き記法にすればよいかなど，いくら考えても完璧な解決法は見つからない．

和算は，中国伝統数学の流れの中で生まれ，本流と没交渉のまま江戸時代に発展したものである．日本の明治時代は，中国では清末に当たる．当時の中国数学者は，微分積分などの横書き表記の西洋数学を，記号も含めて縦書きの漢文で表現した．西洋文化に接したときの対応が，日本と中国で全く異なることは興味深い．日本は，中国よりも新奇なものに迎合しやすい国民性なのだろうか．

しかし日本では，漢文に訓点を施して日本語として読む作法を，奈良時代から受け継いでいる．ぎこちない日本語だが，原典を形式もろとも尊重する態度の表れである．今日でも，「朝日新聞」などの大新聞は縦書きを堅持している．これに反し，中華人民共和国では，中国語は横書きが標準で，「紅楼夢」などの古典も簡体字で横書きになって書店に並んでいる．「人民日報」などの新聞も，横書き．本家に裏切られた分家の悲哀を感じる．150年の時流の中で，日中の立ち位置が逆転しているようだ．

和算は，我が国独自の数学ではなく，東アジア数学，あるいは，漢字文化圏の数学の一翼と認識しなければならないとよく言われる．しかし，大陸では，縦書きの漢文は既に横書きの中国語に変化しており，ハングルも横書き，日本語も横書きと，漢字文化圏では当たり前だった縦書きがいつも間にか，当たり前でなくなってしまって，漢字文化圏の座標軸が不安定になってきた．東アジア数学の一翼たる和算を理解するためにも，東アジア以外の視点が不可欠なのだと思う．この世界的視点を確保するために，和算文書の英訳の作業を継続していきたい．縦と横とのディレンマとも，今しばらくお付き合いするつもりである．

（もりもと・みつお
／四日市大学関孝和数学研究所）

私のガーナそろばん奮闘記

国分敏子

●私とガーナの出会い

私は2010年9月からガーナ共和国に住んでいます．

同じ年の1月，初めてガーナを訪問しました．それまで私は初海外のトンガ王国を始めとし，サモア島やポンペイなどの島，オーロラが観たいと思いたちフィンランドなど，海外を楽しんでいました．そしていつかは大好きになったサモアで子どもに関することを何かしたいな……と思うようになりました．アフリカなんて考えもしていませんでした．

その考えもしていなかったガーナになぜ行ったのかというと，スリランカ旅行をきっかけに活動を手伝うようになった所属するスプートニクインターナショナルが活動をする人を探しているという話を聞いたのがきっかけでした．当時私は学童保育所の指導員をしていました．

二週間の活動の中で感じたことは，子どもたちはたくさんの可能性を持っているということ．そして大人はお金や建物の支援を求めてばかりいるということ．物やお金をおくる支援は本当にいいのだろうか？　ハード面の支援よりもソフト面の支援のほうが大切なのでは？　そう思える場面が多くありました．この“支援”の在り方については今もなお自問自答しながら活動をしています．

何よりも滞在中に感じた“子どもたちの持っている可能性を引き出す手伝いをしたい”．その思いは揺らぐことなく固い決心となり，その年の3月に退職したわけなのです．

●授業をする中で気づいたこと

現在活動している学校は，ガーナとトーゴの国境近くの農村“アフィフェ村”にあるデバインアカデミィスクールです．すぐ近くには公立の小学校から中学校まで兼ねる学校がありますが，デバインアカデミィスクールは私立の学校です．私たち日本人の感覚からすると“私立”と聞くと，ついつい“お金持ちの学校”と考えてしまいますが，まったく逆です．定員のある公立に入れなかった子どもたちが，アフリカならではなのか，村には溢れています．その学校に入れず溢れている学童期の子どもたちの教育の必要性を感じ，村の有志で創られているのが私立の学校です．おかげさまでデバインアカデミィスクールは今年で15周年を迎え，先日はセレモニーが行われました．

この学校で活動を始めて6年目になります．現在，平日の授業では工作手芸をし，日曜日にそろばん教室を開講しています．

活動を始めた当初は算数の授業をしていました．算数の授業をする中，子どもたちが繰り上がり・繰り下がりの計算がとても苦手だということを知りました．

中学生の授業で，計算問題を生徒が棒を書いて計算しているのを目にしました．例えば47＋15の問題だったとしましょう．筆算ではなく机の上に棒を書いていきます．

||||||||||

このように書いていきます．私がその生徒の元へ行くと，恥ずかしいのか，この書いている棒を隠してしまいます．書いた棒を5や10ごとに括ることをすれば間違えたりすることはないでしょう．しかし，括らずにただただ書き続けるのです．

小学校1年生のクラスではこんなこともありました．学期末の算数のテストのとき，問題用紙が配られたと同時に赤土の床に落ちている小石を拾い始める生徒．一人が小石を拾い始めれば，また一人また一人と拾い始めます．そう，計算をするのに小石が必要なのです．

棒を書くことや小石を数えることを否定するつもりは全くありません．括ること(5や10の括

数学文化●第27号●no.27●2017.2　日本数学協会＝編集

目次

●特集＝
不等式

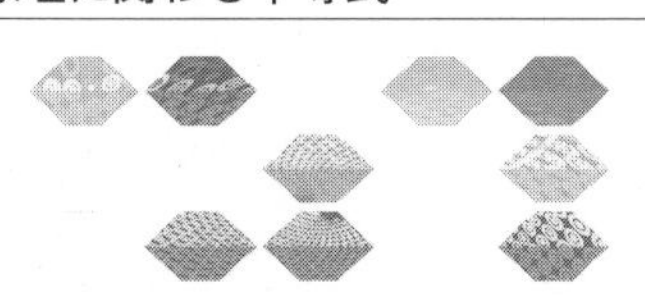

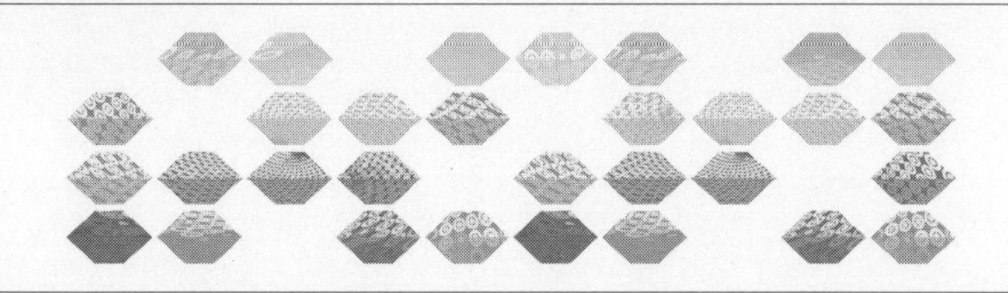

り)の大切さを授業で伝えたく“How to make 5”“How to make 10”の教材をわかりやすく色付きで手作りしました．

5や10の括りは理解できてきても，繰り上がり・繰り下がりはどうすれば解ってもらえるのだろう？　そう悩んでいたときに，小学校のときに使っていたそろばんを授業で取り入れてみようと思ったのです．

●初めてわかった繰り上がり・繰り下がり

そろばんを初めて学校に持って行った日．子どもたちは互いの頭をくっつけながら机の上に置かれたそろばんに見入ります．“これはSOROBAN．トシコの国の計算道具だからSOROBANと言うよ．見ていてね．1，2，5，そして10は左に行って，one zeroで10”．

これを聞いた生徒が言いました．“トシコ，10が分かったよ．左に行ってone zeroで10が分かったよ”と嬉しそうに言いました．棒を書いて計算していた生徒が言ったのです．そろばんの十進法は絶対に子どもたちの計算力を養うことができると感じたときでもありました．

ガーナの算数では，4年生で4ケタの繰り上がり・繰り下がりのある計算問題が出てきます．しかし，この繰り上がり・繰り下がりの計算の仕方を理解できている生徒はとても少ないのです．

また，銀行員でさえ計算を間違えるという話を耳にします．私自身が体験した話で言えば，レジを通して物を買ったときにはバーコードを読み込むので計算間違いはありません．しかし，レジのないお店での買い物はとてもお釣りの間違いが多いということです．お釣りを多く貰うことがとても多々あり，そのたびにお釣りの間違いを言うと感謝され，これでは商売で利益を上げることは難しいのではと心配さえしてしまうのです．レジや計算機がなくとも暗算ができることの必要性を感じる場面でもあります．

●そろばん教室に入ったら九九の暗記は必須

そろばん教室運営は全くのど素人です．ど素人でありながらも，かつて自分が小学校のときに段まで取った経緯もあり，級の設定をしています．級を設定することにより，目標を持てるようになります．乗算，除算には九九の暗記が必須になってきます．

九九の暗記は日本のようにガーナでは必要性を求められていないようで，国内で作られているノートには12段までのかけ算表が記載されています．そのためなのか暗記が必須とはなっていません．しかし，そろばん教室では必須です．

これまでに，早い子どもでは，暗記するように促したときから3か月で暗記をしました．4年の月日をかけて暗記した子どももいます．暗記が嫌で，そろばん教室に通わなくなった子どももいます．

●そろばん教室に対する私の想い

子どもたちの計算力が養えればという思いで紹介したたった一丁のそろばん．今まで何度か危機的状況はありながらもそろばん教室を続けてきて思うのが，“計算力もついて，目標を持つことによって頑張ることにもつながる”ということです．まさに継続は力なり．

残念ながら，中学卒業と同時に村には高校がないため寄宿舎に入るので，そろばん教室を辞めてしまった子どもの中には，小数点の乗算除算ができるまでになった子どもが3人います．この子どもたちは3ケタ×1ケタの乗算，3～4ケタ÷1ケタの除算もできるようになりました．子どもたち自身が自らの意志でそろばん教室に通い続けた成果です．そろばんは子どもたちの可能性を引き出すものになったのでしょうか．

かつて私自身がそろばん教室に通っていたときから35年もの月日が流れ，現在ガーナで教室をやっている中，ガーナの子どもたちと出会ったからこそ，改めてそろばんの良さを知りました．そろばんを学びたく，教会の礼拝へは参加せず教室に来ていた子どもや，土砂降りの雨の中を傘もささずに教室に来た子どもと接する中，そろばんは子どもたちの未来への架け橋になっているのだなと感じています．

これからも子どもがそろばんを学びたいと思い通い続ける限り，私も教室が続けられるよう邁進していきます．

◆一般社団法人 SPUTNIK International

1985年にAFS留学先のニュージーランドで出会った，日本とスリランカの2人の高校生が，異文化理解の素晴らしさ，大切さに気づき，成人して後，それぞれの国で2000年に立ち上げたNGO.「多くの人に，異文化を知り，世界に通じる心の窓を持ってもらうことが，平和な世界への近道」という理念のもと，スリランカ，ガーナ，日本で国際交流・国際教育支援活動を行っている．日本側の創設理事は，秋沢淳子（TBSアナウンサー）．

HP : http://sputnik-international.jp/

Facebook : SPUTNIK INTERNATIONAL

（こくぶ・としこ
／一般社団法人スプートニクインターナショナル）

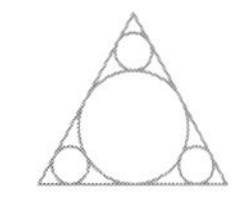

科学的表記の創出者エルンスト・エッセルバッハ

鈴木真治

皆さんは，マタイ効果ということばを聞かれたことがあるでしょうか．これは，科学社会学の創始者ロバート・マートンが，「条件に恵まれた研究者は，優れた業績を挙げることでさらに条件に恵まれる」というメカニズムを，新約聖書[1]から借用して命名したものです．この現象は，そのまま科学史の世界にも当てはまっているように見えます．

わたくし自身も，数学における具体的な証明方法や定義・定理についての歴史を調べているときに，何度もそのような例に出くわしました．たとえば，ほとんどの人は，対角線論法やカントール集合は，カントールによって初めて発見され，発表されたものと思っておられるのではないでしょうか．実際，そのように書かれている数学史(！)の本さえありますが，前者は，デュ・ボワ・レイモンによりカントールより16年も前に発案されていますし，後者は，8年前にH. J. S. スミスによって発表されています．

このように，数学における定義・定理や証明方法の意外な由来を知ることは，数学史を学ぶ上での楽しみの一つと言えるでしょう．そして，このような地味な調査を続けていると，ときおり，見たこともない歴史の人物や風景に出くわすことがあり，個人的には，そこに数学史の醍醐味を感じております．ここでは，ある調査のなかでたまたま知った，エルンスト・エッセルバッハという人物について少しばかり皆さんに語ってみたいと思います．

ところで，皆さんは高校時代に化学の授業でアヴォガドロ定数6.02×10^{23}について学ばれたことがあるでしょう．この定数は，炭素12gに含まれる炭素原子の数として定義することができるのですが，おそらく現代の社会人が，一般常識として記憶しておくべき最大の数ではないかと思われます．実際には，このような巨大な数を10や100と同じ水準で把握しているはずはなく，わたしたちは，この場合，6.02という3桁の数と10の指数23の組合せだけでその大きさを把握していると言ってよいでしょう．つまり，宇宙が誕生した瞬間から，倦まず休まず数え続けたとしても未だ辿り着けない[2]ような巨大数を日常的に利用できるのは，科学的表記(scientific notation : $a\times10^{\pm n}$)という非常に便利な表現ツールがあるおかげなのです．また，この表記方法が，掛け算や割り算において，指数法則の有効性を最も遺憾なく発揮させられる形態であることも容易に理解されるでしょう．

それでは，この重要な表記方法を創案した人物は一体誰なのでしょうか．デカルト？　確かにデカルトは，1637年に出版された『幾何学』で，現在の右肩に小さく指数を表記する方法を初めて世に知らしめた人物ではあります．しかし，彼はこれを科学的表記のように巨大数や極小数を簡潔に表現しようなどとは金輪際考えておりません．皆さんは，デカルトの指数記号が編み出されてしまえば，そこから科学的表記を捻り出すことなどは，造作もないことと感じておられるかもしれませんが，この僅かと思われた進展に，人類はなんと200年以上もの歳月を必要としたのです．

科学的表記は，現代社会においては不可欠な表記方法であるにもかかわらず，その歴史的由来となった文献を見つけることは，意外にも困難なのです．実際，アン・ルーニーという人などは，『数学は歴史をどう変えてきたか』(2008年)のなかで，「いつ頃から使われているかは定かではな

1)　マタイ福音書第13章12節「持っている人は更に与えられて豊かになるが，持っていない人は持っているものまでも取り上げられる.」(新共同訳)

2)　1秒間に1回ずつ数え続けるとしたら，宇宙の年齢を138億年とすると約4×10^{17}回となる.

い」と言っています．一方で，彼女は「1863 年頃には，既に広く使われていたのは確かだ」とも書いているのですが，今回の調査のために，この当時のかなりの数の学術文献に目を通したわたくしには，とても「広く使われていた」とは思えません．例えば，アヴォガドロ定数を初めて実験的に測定したロシュミットの 1865 年の論文でも，指数表記は使われていませんでした．

さまざまな調査を続けた結果，わたくしは，幸運にも「英国科学振興協会の標準電気抵抗委員会報告」の中に，科学的表記の初出例らしきものを見つけることができました．具体的には，この委員会から意見を求められた若き電気技師エルンスト・エッセルバッハが書いた手紙のなかで，それは何気なく，しかし，明確な意図をもって導入されておりました．以下に，エッセルバッハ自身の手紙の一部を引用しておきましょう．

「絶対単位に平易な掛け算が採用された場合は，絶対単位の基準は信頼性で引けを取らないであろうことを，私は，当然のこととして考えている．フランス式の 1 メートル自体が，唯一の地球の四分円の長さである自然単位の $\frac{1}{10{,}000{,}000}$ の約数であることを指摘する必要はない．私が，実用的な使用のために提案する電磁気の自然単位の倍数は，10^{10} である．したがって，非常に単純である（それはほとんどなんの重要性もない）；それが実際に使用されるこれらの基準に我々を導く倍数（掛ける数）である．……

1862 年 9 月 18 日，ロンドンにて」

『附録 F. エッセルバッハ博士からウィリアムソン教授への手紙の抜粋』（拙試訳）

この委員会が目指したものは，その当時のさまざまな電気測定における単位系を整理統合することであり，単位系の変換公式を簡潔に表現するために科学的表記が生み出されたという事実は注目に値します．

エッセルバッハによる科学的表記の影響は確実で，実際，この委員会の主要メンバーの一人であったマクスウェルは，1860 年の論文では全く科学的表記を使用していないのですが，同じ主題の 1866 年の論文では 10^{10} を使用しています[3]．明らかに 1862 年報告の影響だと思われます．しかし，この表記方法が，即座に科学者の間に広まったわけではありません．人は案外保守的な存在なのです．それを例証するものとして，先ほどのロシュミットの論文などを取り上げることができるわけです．

ところで，デカルトによる指数記号の発明からエッセルバッハの科学的表記の創案に，200 年以上もの風雪を要した理由はなんだったのでしょうか．いくつかの理由が有機的に絡み合っていると思われますが，わたくしが考えますに，まずメートル法以前の度量衡のほとんどは 10 進法基準となっておらず，17 世紀から 18 世紀にかけては，それが考え出されるような環境ではなかったことを強調したいと思います．それにはポンド・ヤード法や尺貫法のような昔の度量衡の例を想起すれば明らかでしょう．また，電磁気学という比較的新しい領域における単位系に対して考案されたことも，単なる偶然ではないと考えられます．たとえ 10 進法基準になっていたとしても，質量や長さなどは伝統の桎梏が強く，そうそう簡単に変更できたとは考え難いからです．一方で，エッセルバッハが若く，余計な先入観を持っていなかったであろうことが有利に働いたものと思われます．

いささか後付けのように見えるかもしれませんが，これらの考証はそんなに大きくは外れていないと確信しております．それから忘れずに強調しておきたいのですが，彼のアイデアは見かけ以上に卓越したものであったということです．科学的表記は，メートル法に携わった錚々たる学者達が，誰ひとりとして思いつけなかったものであったという歴史的事実は留意しておくに値するでしょう[4]．

最後に，このエッセイの締めくくりとして，千年後も使われている可能性のある，この傑出した表記方法を創出したエッセルバッハの短い生涯を

3）彼の有名な歴史的名著“A treatise on electricity and magnetism”にも使用されている．

4）彼らはキロやミリといった接頭辞を導入することで解決しようとした．このアイデアも有効で，現在もギガやテラを使って巨大数表記がなされている．

記し，筆を置くことと致します．

Ernst Esselbach (1832 年 9 月 12 日-1864 年 2 月 6 日)は，ドイツのシュレスヴィヒ生まれの物理学者，技術者で，1855 年には，ヘルムホルツの助手を務め，1857 年にキール大学で学位を取得している．彼は太陽の紫外線の最初の波長を計測した人物でもある．地中海のマルタとアレキサンドリア間を接続する海底ケーブルの敷設計画に参画しており，英国科学振興協会の委員会報告のなかでは，「エッセルバッハ博士は，マルタとアレクサンドリア間のケーブルが冠水したときに電気的試験を担当していた，著明な電気技師である」と紹介されている．彼が参加したとき，この計画は，技術的に未熟であったため失敗したが，そこから得たさまざまな教訓を

"On Electric Cables, with reference to Observations on the Malta-Alexandria Telegraph. (1862)"

に書き残している．彼は責任ある立場で，海底ケーブルの技術的な改善に携わっていたが，不幸にして 31 歳の若さで，パキスタンのクワダル港から西に 180 マイル行った沖合で溺死した．

彼の死の 2 年後，1866 年，大西洋横断海底ケーブルは，万雷の拍手に包まれながら完成し，ウィリアム・トムソンは，この功績でナイトに叙せられケルヴィン卿となった．

［後記］ このエッセイの元ネタは第 26 回数学史シンポジウムで発表した「巨大数小史」です．僥倖を得て，この論文は『巨大数』として岩波書店から出版することができました．このエピソードも本著に載せていますが，紙数の制約により，あまり満足の行くものではありませんでした．今回の機会を利用して，この悲運のエンジニアの名前を少しでも世に広めたいと思った次第です．

（すずき・しんじ／数学史家）

エッセルバッハよ，安らかなれ ［絵/鈴木愛由］

●新春特別講義 2016

物理と数学と音楽

小林富雄

この小文は，2016年1月に開催された「新春特別講義：高校生と社会人のための現代数学・物理学入門講座(分類：数，図形から素粒子まで)」で行った講演「物理と数学と音楽——分類と統合」の内容をもとに，若干手を加えて書いたものです.

1. はじめに

ガリレオ・ガリレイの「宇宙という書物は数学の言語で書かれており，数学を学ぶことなしには宇宙を理解することはできない」という言葉に表わされるように，物理と数学とは切っても切れない関係にあることはよく知られています．また，古代からガリレオの頃までは，物理と数学にさらに音楽をも含めた「学問」が一体となって論じられていたようで，それはピタゴラスにまでさかのぼります.

この一体感は現代の科学者や音楽家の中にも深く潜んでいるのではないか，という思いを筆者は持っていたところ，新春特別講義での講演のお話の誘いに乗り，ややこじつけ気味に話したところ，さらにそれを文章にということで，特に物理と数学と音楽の関係に焦点を当ててまとめてみた次第です．筆者は素粒子物理の実験を専門とするものでして，数学の基礎的な知識は持っていると思っていますが，音楽のほうはせいぜい愛好家の範疇です．軽く読み飛ばしていただければ幸いです.

物理・数学と音楽の関係については，古来いろいろな言葉が残されています．その中から代表的なものをいくつかあげてみましょう．まずは音楽家の言葉から.

「音楽は色彩とリズムを持つ時間とからできている.」(ドビュッシー)
「もしも数学が美しくなかったら，おそらく数学そのものが生まれてこなかっただろう．人類の最大の天才たちをこの難解な学問に惹きつけるのに，美のほかにどんな力があり得ようか.」(チャイコフスキー)

次は物理学者の言葉です.

「天体は音楽を奏でている.」(ケプラー)
「私にとって死とは，モーツアルトが聴けなくなるということです.」「私はもし物理学者でなかったら，音楽家になっていたでしょう.」(アインシュタイン)

数学者にもたくさんの言葉があります.

「音楽は人間が無意識に数を計算することで得られる魂の快楽である」(ライプニッツ)
「音楽は感覚の数学であり，数学は理性の音楽である」(シルベスター)

では，まず古代から話を始めましょう．

2. ピタゴラスの学問

「万物の根源は，数である．」これは古代ギリシャのピタゴラス(BC6 世紀頃)が言った言葉だとされています．三平方の定理などで知られる数学者・哲学者のピタゴラスですが，ピタゴラス学派では，均整と調和を根本思想とし，この理念が日常生活から宇宙全体まで支配しているとしました．そして，この理念を基礎づけるものがピタゴラスの数論だったのです．

数学の起源は，文明が起こる以前にまでさかのぼることができるでしょうが，少なくとも人類が農耕を始めた頃には大きな発展をとげています．農作物の分配・管理や商取引のためには計算(算術)が，農地管理のためには測量(幾何学)が，そして農作業の時期を知るためには天文現象の周期性の解明(天文学)が必要になりました．

ピタゴラス学派の人たちは，数学をまず「数」(離散数)と「量」(連続数)を扱う2つの分野に分け，それが静止しているか運動しているかでさらに2つに分けて，4つに分類しました．そして，そのそれぞれに算術，幾何学，天文学に音楽を加えた4つの科目を，次のように対応させたのです．

1. 数論(算術) …… 静止している数
2. 幾何学 …… 静止している量
3. 音楽 …… 運動している数
4. 天文学 …… 運動している量

音楽は数の比を扱う分野であり，美しい音楽は調和のとれた音の比によって成り立っていると考えられました．

最もよく協和する2つの高さの音は，周波数(振動数)の比が2：1の関係(つまりオクターブ)であることは知られていましたが，ピタゴラスは周波数の比が3：2(完全5度)の場合もよく協和することを発見しました．それが「自然界は数学によって解明できる」という思想の生まれた瞬間だったのです．

ピタゴラスはさらに，この完全5度の音を積み重ねてゆくことによって，12の音からなるピタゴラス音律を作り上げました(図1参照)．ピアノのオクターブが白鍵7つと黒鍵5つからできているのは，ここからきているのですね．「弦の響きには幾何学があり，天空の配置には音楽がある．」これはピタゴラスが残した言葉だとされています．

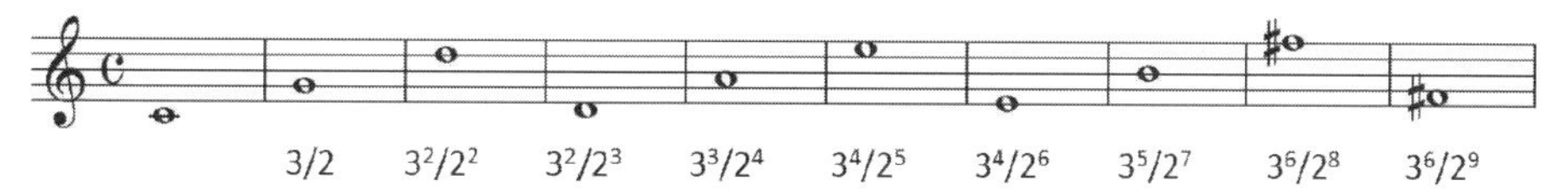

図1 ピタゴラス音律と周波数比．ピタゴラス音律は，基音から周波数を3/2倍した完全5度の音程をくり返し作ってゆくことで得られる．周波数を1/2にした1オクターブ低い音は同じ音と考える．これにより12個の音程が得られるが，12回くり返して得られる音は，周波数比が $3^{12}/2^{19}$ となり，1とわずかなずれが生じる．これがピタゴラス・コンマとよばれる問題である．

「宇宙は数の調和で作られている」という思想のピタゴラス学派と交流を持ったプラトン(BC427-BC347)は，師のソクラテス(BC469 頃-BC399)に，天文学と音楽の関係について「われわれの目が天文学のために作られているように，われわれの耳は調和のために作られており，この2つは姉妹のようなものだ」と言ったと伝えられています.

聖書に次いで世界中で最も広く読まれてきた『原論』の著者であり，「幾何学の父」と称されるユークリッド(BC3 世紀頃)は，数論についても『原論』の中で論じています．例えば「素数が無限に存在する」ことの証明は彼によってなされました．またユークリッドは，天文学についての著作も残した他，古代ギリシャの音楽理論をまとめた『音楽原論』も著しています.

古代ギリシャの数学4科目は，中世の大学の科目にも引き継がれました．学士時代に学ぶ自由七科(リベラル・アーツ)の編成は，主に言語に関わる「三学」と数学に関わる「四科」に分けられ，四科の内訳が算術，幾何，天文，音楽でした．ちなみに，リベラル・アーツの原義は「人を自由にする学問」であり，それを学ぶことで一般教養が身に付くということであって，日本語の「芸術」という言葉は，元々その訳語として造語されたものです.

3. ルネサンスから近世へ

ルネサンスは，14 世紀後半にイタリアから始まった古代文化の復興運動です．中世の封建的，宗教的制約から解放され，西欧の文芸・美術・建築・天文学・力学などが大きく隆盛しました．ルネサンス期の音楽については，大きな発展はありませんでしたが，ピタゴラス音律が抱えるある問題を解消しようという試みが行われました.

中世からルネサンスにかけての西洋音楽では，教会で歌われる多声音楽(ポリフォニー)が盛んに行われました．そこで重要になったのが和声(ハーモニー)です．ところが，ピタゴラス音律では長3度の音程(ドとミ)がきれいな和音にならないのです．ピタゴラス音律には，完全5度の音程(ドとソ)を積み重ねていって12 音を作るので，オクターブが元の音とずれてしまうピタゴラス・コンマという問題もありますが，長3度も周波数の比が 81/64 となり，小さな整数の比にならないため協和しないのです.

この問題を解決するため，15 世紀から 16 世紀にかけて，純正律や中全音律(ミーントーン)など和音がきれいに協和する音律が編み出されました．さらに，オクターブを均等な周波数比で分割した平均律が，メルセンヌ(1588-1648)によって作られました．他の音律では，音程が整数比からなっているため，各半音の音程が場所によって微妙に異なりますが，平均律では半音の周波数比は常に2の12 乗根となっているのです(図2参照)．平均律は，すべての調で演奏が可能で，転調や移調が自由に行える特徴があります.

メルセンヌは，音速の測定や倍音の発見なども行っています．倍音は高調波のことで(図3参照)，音色の違いは高周波成分の違いから来ているのです．フルートはフルートらしく，クラリネットはクラリネットらしく聞こえるのはそのためです．こうしたことからメルセンヌは，「音響学の父」と呼ばれています.

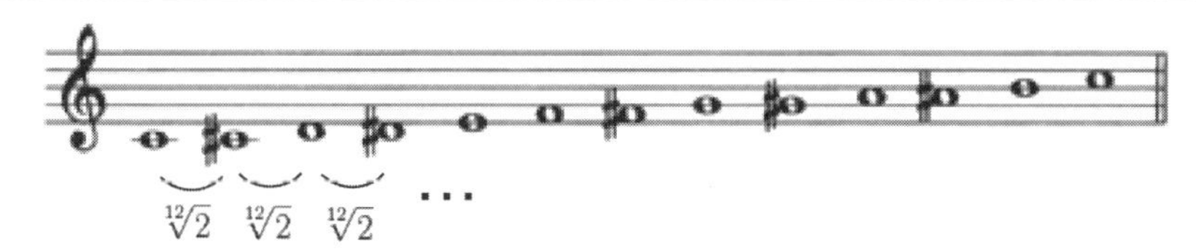

図 2 平均律と周波数比．平均律は，すべての半音階の周波数比が等しく 2 の 12 乗根となる音律である．

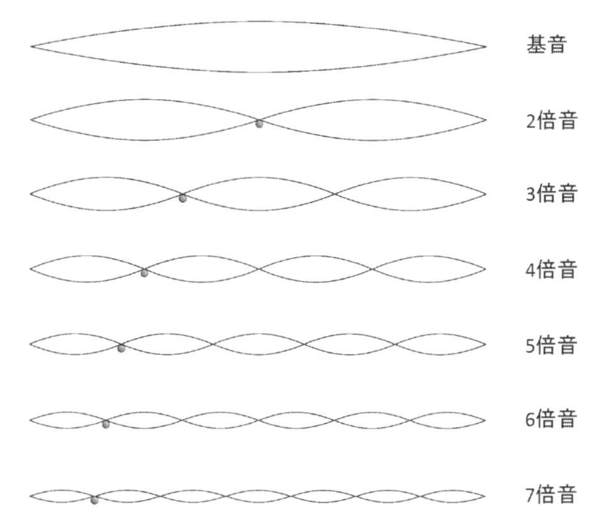

図 3 倍音とは，基音に対し 2 以上の整数倍の周波数の音を持つ成分のことである．

メルセンヌは，フランスの神学者であり，音楽の研究もしていましたが，数学者でもありました．数学面では，メルセンヌ素数が有名です．これは $M_n = 2^n - 1$（n は自然数）の形に表わされる素数のことです．（M_n が素数なら n も素数ですが，逆に n が素数でも M_n が素数であるとは限りません．）

18 世紀最大の数学者といわれるオイラー（1707-1783）は，音楽に関する著作（『調和のもっとも確実な原理に基づいて明白に展開された新しい音楽論の試み』）も残しています．彼はピタゴラス音律と純正律との関係を，分かりやすい表にまとめました．オイラー格子とよばれるもので，横方向に完全 5 度（周波数比 3/2）の関係，縦方向に長 3 度（周波数比 5/4）の関係を並べたものです（図 4 参照）．横方向がピタゴラス音律となっていて，主要和音の響きの美しい純正律は単純な整数比の音階からなっていることが見てとれるでしょう．大数学者のオイラーがこ

5/3（ラ） — 5/4（ミ） — 15/8（シ） — 45/32（ファ♯）
| | | |
4/3（ファ） — 1（ド） — 3/2（ソ） — 9/8（レ）
| | | |
16/15（レ♭） — 8/5（ラ♭） — 6/5（ミ♭） — 9/5（シ♭）

図 4 オイラーの格子と純正律．横方向に 3 の倍数系列（完全 5 度）の音列を，縦方向に 5 の倍数系列（長 3 度）の音列を並べ，単純な整数比からなる音階を取り出したものが純正律となっている．

のような仕事をしたのも，彼がセミプロ級のチェンバロ奏者であったことからうなずけます．

幅広い数学分野で多くの研究を行い，史上最も多くの論文を書いたといわれるオイラーですから，素数に関する業績も残しています．彼はゼータ関数と素数の関係を表わすオイラー積の公式を発見しました．ディリクレ(1805-1859)は，オイラーの作ったゼータ関数を使ってガウスの素数定理の研究を行い，それはリーマン(1826-1866)へと引き継がれてゆくのです．余談と言うより蛇足ですが，ディリクレの奥さんは，作曲家メンデルスゾーンの妹で，それによってメンデルスゾーンは多くの数学者と交流を持ったということです．

さて，ここまで主に数学者と音楽の話に偏ってしまいましたが，天文学者・物理学者と音楽の関係のほうにも話を進めましょう．

ルネサンス期の科学としては，まず天文学が発展しました．その始まりはコペルニクス(1473-1543)がとなえた地動説です．「地球は宇宙の中心にあって，太陽や月や星がこの地球のまわりを回っている」という天動説は，それまでの長い間の常識となっていました．それくつがえしたことは，後世‘コペルニクス的転回’という言葉が作られるほどの，ものの見方の大転換でした．しかし，そのコペルニクスも彼に続く天文学者達も，惑星の軌道については従来の天動説と同じく真円を描くとしていました．

天体は真円にもとづく運動をするはずであるというそれまでの固定観念を打ち破ったのは，ケプラー(1571-1630)でした．彼はティコ・ブラーエ(1546-1601)が残した膨大な量の高精度の観測データを解析して，その結果をまとめて1609年に『新天文学』を公表しました．この中で，惑星軌道に関する結果は，次の2つの法則に表わされています．

第1法則：惑星の軌道は，太陽の位置をひとつの焦点とする楕円である．
第2法則：惑星と太陽を結ぶ線分が単位時間に描く面積は一定である．

惑星の運動を正確に，しかも肉眼で観測したブラーエもすごいですが，そのデータから楕円軌道を導いたケプラーの仕事は，まさに‘コペルニクス的転回’に匹敵するものと言えるでしょう．

さらにケプラーは1618年に，星の運動に関する法則をもう一つ発見しました．

第3法則：惑星の公転周期の2乗と，軌道の長半径の3乗の比率は，惑星によらない一定値である．

これを言い換えると，惑星の公転周期は，長半径の3/2乗に比例するということです．またこの法則は短半径には無関係なので，円軌道がどんなにつぶされても，公転周期は変わらないことになります．

ケプラーは天文学者であると同時に数学者でもありましたが，ピタゴラス学派の思想を色濃く持っていたようです．彼は天体と音楽を調和させる試みもしており，1619年には『世界の和声学』(『宇宙の調和』などとも訳される)を出版しています．彼は最初，惑星の軌道を5種類の正多面体と関連付けようとしたのですが失敗し，それで音楽の音程と結び付けようとしたのです．円軌道という固定観念から脱却できたケプラーも，秩序（調和）という概念を強く思考の中心においていたようです．この本は，ケプラーの哲学が色濃く出たものになっていますが，彼の「第3法則」はこの中で導かれています．いろいろと試行錯誤した結果，彼はピタゴラス音律にたどりつき，3：2という比が宇宙の調和を表わしていると気付いたということです．それでこの法則は，別名「調和の法則」とも呼ばれています．

こうしてケプラーは，天体の運動を数学的に正しく表わすことには成功しましたが，ではなぜ楕円軌道なのか，第2法則や第3法則はどこからくるのかという原理的な問いには答えることはできませんでした．ケプラーと同時代のガリレオ（1564-1642）は，天文学においては，彼自身が作成した高性能の望遠鏡を用いて，地動説を強く裏付ける多くの観測を行いましたが，円軌道からは抜け出ることができませんでした．しかし彼は，地上における物理学では，振り子の等時性や落体の法則などの発見を行い，力学の基礎を築きました．

ガリレオにも音楽との関りがあります．彼の父ヴィンチェンツォ・ガリレイは，リュート奏者，作曲家，音楽理論家として知られた人で，音響学の研究では数学的な手法を用いたと言われています．またガリレオの弟のミケランジェロ・ガリレイは，父のように音楽で活躍し，リュート奏者，作曲家として名を残しました．ガリレオ自身も，物体の運動の研究をするとき，父に倣って実験結果を数学的に記述し分析するという手法を採用しました．さらに彼は，既存の思想・理論体系などに盲目的に従うのではなく，自分自身で実験を行い，実際に起こる現象を自分の眼で確かめるという方法を採りました．こうした方法は彼以前にはなく，それらによって彼は「科学の父」と呼ばれるようになったのです．

ケプラーの惑星運動法則を力学的に解明したのが，ガリレオの没年に誕生したニュートン（1642-1727）です．ニュートンは，数学分野においては微分積分法を発見し，物理学分野では古典力学（ニュートン力学）を確立しました．ニュートンの運動の法則と万有引力の法則からは，ガリレオの法則とケプラーの法則の両方が得られます．ガリレオは，天空の法則は地上の法則とはまったく異なると考えていましたが，ニュートンは地上の法則が宇宙でも成り立つことを明らかにしたのです．

ちなみに，ケプラーが採用した楕円軌道についてですが，楕円は円錐曲線（図5

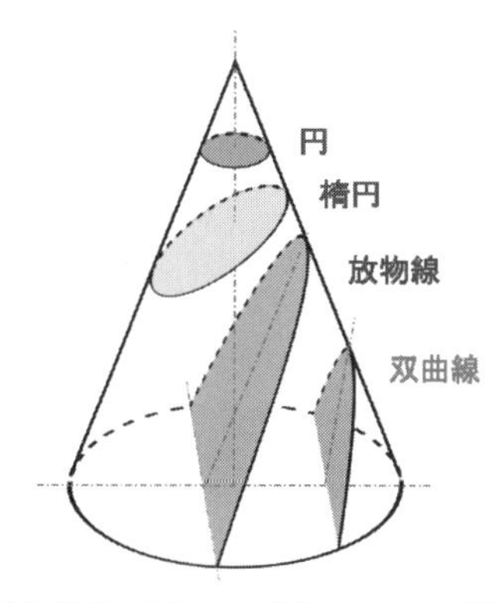

図5　円錐曲線とは，円錐面を任意の平面で切断したときの断面としてえられる曲線群の総称である．

参照)の一種であることは古くから知られており，その起源は古代ギリシャにまでさかのぼります．アポロニウス(BC262 頃-BC190 頃)が円錐曲線論の体系を著書にまとめ，それがケプラーによって天文学に応用され，その後円錐曲線論はオイラーによって解析幾何学を用いて現代的に書き換えられたという歴史の流れにも興味深いものがあります．

4. 素粒子が奏でる音楽

さてここからは，音楽との関わりから見た素粒子物理の歴史という，筆者の独断と偏見に満ちた話になります．

紀元前 420 年頃，古代ギリシャのデモクリトスは，それ以上壊すことも分割することもできない物質の最小単位として「原子」という考えを示しました．これが哲学上の概念ではなく，実在するものであることが分かってきたのは，17 世紀以降でした．事実にもとづく科学として，原子説に具体的な意味を持たせたのがドルトン(1766-1844)で，これより近代科学が始まります．

19 世紀半ば頃までには，数多くの元素(物質の化学的性質のもととなる最小単位が「元素」と呼ばれ，それを物理的に見たのが「原子」です)の存在が明らかにされましたが，元素はいったい何種類存在するのか，また元素には何らかの規則性があるのだろうか，という疑問が化学者の間に広がっていきました．

1864 年，ニューランズ(1838-1898)は，元素のある周期性に気付き，それを音楽の音階になぞらえて「オクターブの法則」と名付けて発表しました．これは，元素を軽い順に並べたとき，8 つ毎に似た性質を持っているというものです．

1869 年，メンデレーエフ(1834-1907)は，当時知られていた 63 の元素を規則的に並べる方法を発見しました．それは，元素を原子量順に並べ，原子価を重視し，かつ似通った性質の元素をうまく配置した表でした．メンデレーエフの周期表として知られる表は，その後多くの知見によって改良され，現在では「化学のバイブル」とも呼ばれています(図 6 参照)．

1	2	3	4	5	6	7	8	9	10	11	12	13	14	15	16	17	18
1 H																	2 He
3 Li	4 Be											5 B	6 C	7 N	8 O	9 F	10 Ne
11 Na	12 Mg											13 Al	14 Si	15 P	16 S	17 Cl	18 Ar
19 K	20 Ca	21 Sc	22 Ti	23 V	24 Cr	25 Mn	26 Fe	27 Co	28 Ni	29 Cu	30 Zn	31 Ga	32 Ge	33 As	34 Se	35 Br	36 Kr
37 Rb	38 Sr	39 Y	40 Zr	41 Nb	42 Mo	43 Tc	44 Ru	45 Rh	46 Pd	47 Ag	48 Cd	49 In	50 Sn	51 Sb	52 Te	53 I	54 Xe
55 Cs	56 Ba	57~71	72 Hf	73 Ta	74 W	75 Re	76 Os	77 Ir	78 Pt	79 Au	80 Hg	81 Tl	82 Pb	83 Bi	84 Po	85 At	86 Rn
87 Fr	88 Ra	89~103	104 Rf	105 Db	106 Sg	107 Bh	108 Hs	109 Mt	110	111	112						

57~71 ランタノイド	57 La	58 Ce	59 Pr	60 Nd	61 Pm	62 Sm	63 Eu	64 Gd	65 Tb	66 Dy	67 Ho	68 Er	69 Tm	70 Yb	71 Lu
89~103 アクチノイド	89 Ac	90 Th	91 Pa	92 U	93 Np	94 Pu	95 Am	96 Cm	97 Bk	98 Cf	99 Es	100 Fm	101 Md	102 No	103 Lr

図 6　周期表．1 列目の Li 以下の元素はアルカリ金属，2 列目の Ca 以下はアルカリ土類金属，17 列目はハロゲン，18 列目は希ガスと呼ばれる．

しかし，なぜ元素がこのような周期性を示すのかは，原子構造の解明と量子論の発展を待たねばなりませんでした．

物質の最小構成要素である原子は，それ以上分割できないと信じられていましたが，1897 年，J. J. トムソン(1856-1940)は，原子に電子という負の電荷をもった粒子が含まれていることを発見しました．

1911 年，ラザフォード(1871-1937)は，アルファ線の散乱実験を行い，原子核を発見しました．そして，この実験にもとづいた原子モデルを発表しました(図 7 参照)．それは，原子量の大部分をもつ原子核のまわりを電子が，太陽のまわりを回る惑星のように，回っているというものでした．

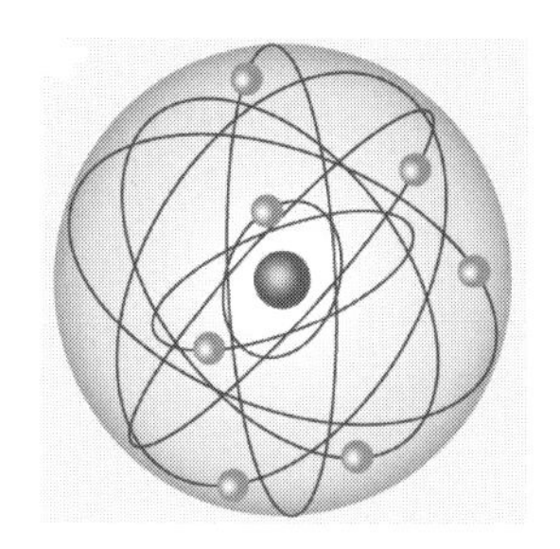

図 7　ラザフォードの原子モデル

しかし，ラザフォードの原子モデルには大きな困難がありました．それは，電荷をもった電子が原子核のまわりを回るときに，既知の電磁気学によれば電磁波を出してエネルギーを失い，すぐに原子核に落ち込み，原子は安定に存在できなくなってしまうというものです．これは，古典論(ニュートン力学や電磁気学)ではどうしても解決できる問題ではありませんでした．

原子について，古典論では解決困難な問題が，もう一つありました．それは原子を高温に熱したときに発する光に関するものです．その光は原子特有の色をしています．光のスペクトルを調べる分光学は，ニュートン以降発達してきていました．原子が発するスペクトルを調べると，ある幾つかの波長のところだけに鋭いピークを持つ線スペクトルが観測されたのです(図 8 参照)．

図 8　水素原子のスペクトル線のうち，可視光から近紫外の領域にあるもの(バルマー系列)

線スペクトルが出るわけを説明するためには，古典論からの飛躍が必要でした．原子の安定性と原子スペクトルの謎を一挙に解決する糸口を見い出したのが，ボーア(1885-1962)による量子論だったのです．

1913 年，ボーアは原子の線スペクトルを説明する原子モデルを提唱しました．このモデルで，彼はまず電子の角運動量を量子化しました．すなわち角運動量がとびとびの値のみ許されると仮定したのです．これはボーアの量子条件と呼ばれています．つまり，角運動量はある最小単位(量子)を持ち，その整数倍の数値のみ許されるとしたのです．こう仮定すると，角運動量が原子のエネルギー状態に対応し，角運動量の最も小さい状態が安定状態となって原子の安定性が確保され，そして異なる角運動量(エネルギー)状態間を電子が遷移するときに光を発し，それが線スペクトルになることも説明できるのです．

では，ボーアの量子条件はどこからくるのでしょうか．1924年にド・ブロイ(1892-1987)は，電子が粒子でありながら波の性質を持つという「物質波」の考えを提唱しました．電子が波の性質を持つとすると，その波長の長さは電子の運動量の大きさに対応(反比例)します．そして，電子が原子核のまわりを回る軌道の長さが，ちょうど電子の波長の整数倍となるような軌道のみ許されることになります(図9の右図を参照)．もしそれが整数倍から少しでもずれていたら，波が打ち消しあって，消えてしまうからです(図9の左図を参照)．

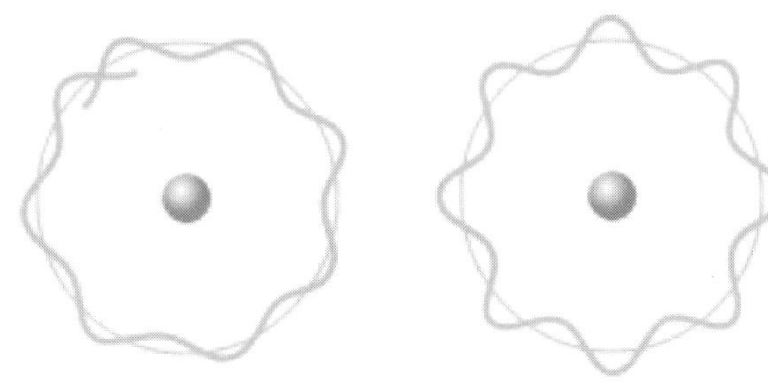

図9　電子の物質波とボーアの量子条件

電子が粒子と波動の二重性を示す原子の世界では，ニュートン力学は成り立たず，まったく新しい力学が必要になりました．それがハイゼンベルク(1901-1976)やシュレディンガー(1887-1961)たちによって作られ，アインシュタイン(1879-1955)の相対性理論とともに，現代の物理学を支える柱となった量子力学です．そして，メンデレーエフの周期表の規則性も，量子力学によって完璧に説明されたのです．

ボーアの量子条件は，電子の作る波が共鳴状態となっていることだとも言えます．それは，ピタゴラスが発見した，協和音は周波数が(あるいは波長と言い換えてもいいですが)単純な整数の比になっていることとよく類似しています．「宇宙は数の調和で作られている」とされた古代ギリシャの考えが，原子の世界でも成り立っているようにも見えてきます．

その後，原子核は陽子と中性子によって構成され，陽子や中性子はクォークからできていることが明らかにされました．そして，現在ではクォークと(電子の仲間の粒子である)レプトンのふるまいを記述する理論(素粒子の標準理論)が確立されるに至っています．

素粒子の標準理論は，「相対性理論」と「量子力学」に，力の場に対応する粒子の存在を要求する「場の理論」を加えた三本柱を軸にして組み立てられています．このそれぞれの理論で重要な役割を演じた3人の物理学者(アインシュタインとハイゼンベルク，それに電磁場の量子理論を完成させたうちの一人であるファインマン(1918-1988))は，音楽にも造詣が深かったそうです．アインシュタインはバイオリン，ハイゼンベルクはピアノ，ファインマンはボンゴの名手だったということです．この3人の音楽での競演も，是非聴いてみたかったものです．

さて，自然界にある4つの力のうち，素粒子に働く3つの力(電磁力，強い力，弱い力)は標準理論で説明されましたが，重力だけはまだ説明ができていません.

標準理論を作り上げるうえで，素粒子に質量を与えるメカニズムの発想に大きな役割を果たした南部陽一郎は，素粒子は点状の粒子ではなく「ひも(弦)」であるとする考えを打ち出しました．南部のこの考えは，陽子や中性子の仲間の粒子であるハドロンに応用されましたが，結局はクォーク・モデルにとって代わられました．しかし，重力も含めたすべての力を統一する究極理論として有望視される「超弦理論」では，まさに南部の考えが取り入れられているのです．超弦理論の扱う時空は，4次元ではなく，10次元です．そこでの「弦」の振動パターンのそれぞれが，異なる素粒子に対応しているのです．10次元時空で振動する「弦」が奏でる音楽は，数学者と物理学者の競演で，初めて聴けるようになる，ということでしょうか.

そろそろネタも尽きてきましたので，最後に，数学者と物理学者の言葉を一つずつあげて，この小文の締めくくりとします.

「数学は科学の女王であり，数論は数学の女王である.」(ガウス)
「数学や物理というのは，神様のやっているチェスを横から眺めて，そこにどんなルールがあるのか，どんな美しい法則があるのか，探していくことだ.」(ファインマン)

音楽もそうなのかもしれません.

5. あとがき

この小文を書くにあたり，以下の1) ～ 6)を参考にいたしました．また，最後の節の素粒子物理の歴史と最近の発展について興味を持たれた方は，拙著7)，8)をご覧ください.

●参考書

1) 『ピュタゴラスの音楽』，キティ・ファーガソン(著)，柴田裕之(訳)，白水社
2) 『偽金鑑識官』，ガリレオ(著)，山田慶兒・谷泰(訳)，中央公論新社
3) 『ケプラーとガリレイ――書簡が明かす天才たちの素顔』，トーマス・デ・パドヴァ(著)，藤川芳朗(訳)，白水社
4) 『音楽と数学の交差』，桜井進・坂口博樹著，大月書店
5) 『数と音楽――美しさの源への旅』，坂口博樹著，大月書店
6) 『数学　理性の音楽――自然と社会を貫く数学』，岡本和夫・薩摩順吉・桂利行，東京大学出版会
7) 『神の素粒子ヒッグス――究極の方程式はどう創られたか？』，小林富雄，日本評論社
8) 『超対称性理論とは何か――宇宙をつかさどる究極の対称性』，小林富雄，講談社ブルーバックス

(こばやし・とみお／東京大学名誉教授，高エネルギー加速器研究機構研究支援戦略推進部長)

●特集

相加平均・相乗平均

桂 利行

1. 相加平均と相乗平均

a, b を正の実数とするとき，$\dfrac{a+b}{2}$ を**相加平均**，$\sqrt{ab}$ を**相乗平均**という．相加平均，相乗平均については，次の不等式が常に成り立つ．

$$\frac{a+b}{2} \geq \sqrt{ab}$$

証明してみよう．

分母を払って

$$a+b \geq 2\sqrt{ab}$$

を示せばよいことは明らかである．両辺とも正であるから，左辺の自乗から右辺の自乗を引いて 0 以上になることを示せばよいが，

$$\begin{aligned}(a+b)^2-(2\sqrt{ab})^2 &= a^2+2ab+b^2-4ab\\ &= a^2-2ab+b^2\\ &= (a-b)^2 \geq 0\end{aligned}$$

となるから，不等式が成立する．等号は $a=b$ のとき成り立つ．

このことを，n 個の正の実数 $a_1, a_2, \cdots, a_n$ の場合に拡張して相加平均・相乗平均の不等式が得られる．

$$(*) \qquad \frac{a_1+a_2+\cdots+a_n}{n} \geq \sqrt[n]{a_1a_2\cdots a_n}$$

等号は，$a_1=a_2=\cdots=a_n$ のとき成立する．

この不等式の証明として，巧妙な方法が数多く考案されている．ここでは，エラーズの方法と微分法を用いる方法で証明を与える．

(1) エラーズによる証明

まず，相乗平均が 1 になる特別な場合を示す．

補題 $b_1, b_2, \cdots, b_n$ を正の実数で

$$b_1b_2\cdots b_n=1$$

をみたすとする．このとき，

$$b_1+b_2+\cdots+b_n \geq n$$

が成り立つ．等号は，$b_1=b_2=\cdots=b_n=1$ のとき成り立つ．

(補題の証明)

数学的帰納法で示す．

$n=1$ のときは，$b_1=1$ で成り立つ．

n まで成り立つとし，

$$b_1b_2b_3\cdots b_{n+1}=1$$

とする．b_i の順序を並べ替えて，$b_1 \geq 1, b_2 \leq 1$ としてよい．このとき $(b_1-1)(b_2-1) \leq 0$ だから

$$1+b_1b_2 \leq b_1+b_2$$

となる．また，

$$(b_1b_2)b_3\cdots b_{n+1}=1$$

だから

$$\begin{aligned} b_1+b_2+\cdots+b_n+b_{n+1} &\geq 1+(b_1b_2+b_3+\cdots+b_{n+1}) \\ &\geq 1+n \quad (\text{数学的帰納法の仮定}) \end{aligned}$$

を得る．等号は「$b_1=1$ または $b_2=1$」かつ $b_1b_2=b_3=\cdots=b_{n+1}=1$ のとき成り立つ．つまり，$b_1b_2b_3\cdots b_{n+1}=1$ より，$b_1=b_2=\cdots=b_{n+1}=1$ のとき成り立つ．

(不等式(*)の証明)

$\sqrt[n]{a_1a_2\cdots a_n}=\alpha$ とおく．$b_i=\dfrac{a_i}{\alpha}\ (i=1,2,\cdots,n)$ とおけば，

$$b_1b_2\cdots b_n=1$$

である．補題から

$$b_1+b_2+\cdots+b_n \geq n$$

を得るが，これを a_i に書き換えれば定理が成り立つ．等号条件も成立している．

(2)　微分法による証明

n に関する数学的帰納法で示す．

$n=1$ のときは成り立つ．

$n-1$ まで成り立つとする．$x>0$ として

$$f(x)=\frac{a_1+a_2+\cdots+a_{n-1}+x}{n}-\sqrt[n]{a_1a_2\cdots a_{n-1}x}$$

とおく．この関数の $x>0$ における最小値を求める．微分して

$$f'(x)=\frac{1}{n}\{1-\sqrt[n]{a_1a_2\cdots a_{n-1}}\,x^{\frac{1}{n}-1}\}$$

$x=\sqrt[n-1]{a_1a_2\cdots a_{n-1}}$ で極小かつ最小で，最小値は

$$\begin{aligned} f(\sqrt[n-1]{a_1a_2\cdots a_{n-1}}) &= \frac{1}{n}\{a_1+a_2+\cdots+a_{n-1}-(n-1)\sqrt[n-1]{a_1a_2\cdots a_{n-1}}\} \\ &\geq 0 \quad (\text{数学的帰納法の仮定より}) \end{aligned}$$

最小値が0以上だから，任意の $a_n>0$ に対し，$x=a_n$ とおいて不等式(*)を得る．等号が成り立つときは最小値が0にならねばならないから，数学的帰納法の仮定から $a_1=a_2=\cdots=a_{n-1}$ となり，かつ $a_n=\sqrt[n-1]{a_1a_2\cdots a_{n-1}}$ より，すべての a_i が等しくなる．

2.　いくつかの使用例

この節で，「相加平均 ≥ 相乗平均」を用いて解ける問題の例を挙げる．

例1　x, y を正の実数として，$x+y=10$ のとき，

$$f(x, y) = \sqrt{xy}$$

の最大値を求めよ．

(解)　「相加平均 ≥ 相乗平均」を用いて

$$5 = \frac{10}{2} = \frac{x+y}{2} \geq \sqrt{xy}$$

等号は $x = y = 5$ のとき成り立つ．よって，最大値 5 である．

例 2　$x > 0$ とし，

$$f(x) = x + \frac{2}{x}$$

の最小値を求めよ．

(解)　「相加平均 ≥ 相乗平均」を用いて

$$\frac{x+\frac{2}{x}}{2} \geq \sqrt{x \cdot \frac{2}{x}} = \sqrt{2}$$

等号は $x = \frac{2}{x}$，すなわち $x = \sqrt{2}$ のとき成り立つ．

$$f(x) = x + \frac{2}{x} \geq 2\sqrt{2}$$

より，$x = \sqrt{2}$ のとき最小値 $2\sqrt{2}$．

例 3　関数

$$f(x) = \sqrt{x^2+2} + \frac{1}{\sqrt{x^2+2}-1}$$

の最小値を求めよ．

(解)　どうみても数 III の微分の問題であるが，これも「相加平均 ≥ 相乗平均」を用いて解くことができる．$\sqrt{x^2+2}-1 > 0$ であるから，

$$\begin{aligned} f(x) &= (\sqrt{x^2+2}-1) + \frac{1}{\sqrt{x^2+2}-1} + 1 \\ &\geq 2\sqrt{(\sqrt{x^2+2}-1) \cdot \frac{1}{(\sqrt{x^2+2}-1)}} + 1 \\ &= 3 \end{aligned}$$

等号は $(\sqrt{x^2+2}-1) = \frac{1}{\sqrt{x^2+2}-1}$ のとき成立する．すなわち，$x = \pm\sqrt{2}$ のとき，最小値 3 となる．

例 4　$x > 0$ とし，

$$f(x) = x + \frac{1}{x^3}$$

の最小値を求めよ．

(解)

$$\frac{\frac{x}{3}+\frac{x}{3}+\frac{x}{3}+\frac{1}{x^3}}{4} \geq \sqrt[4]{\frac{x}{3} \cdot \frac{x}{3} \cdot \frac{x}{3} \cdot \frac{1}{x^3}} = \sqrt[4]{\frac{1}{3^3}} = \frac{\sqrt[4]{3}}{3}$$

等号は $\frac{x}{3} = \frac{1}{x^3}$ のとき，すなわち $x = \sqrt[4]{3}$ のとき成り立つ．

$$f(x) = x + \frac{1}{x^3} \geq \frac{4\sqrt[4]{3}}{3}$$

よって，$x=\sqrt[4]{3}$ のとき，最小値 $\dfrac{4\sqrt[4]{3}}{3}$ となる．

例 5 x, y, z を正の実数とし，$x+y+z=4$ を満たすとする．このとき

$$f(x, y, z)=\frac{1}{x}+\frac{4}{y}+\frac{9}{z}$$

の最小値を求めよ．

(解) 清水勇二氏の論説にあるコーシー－シュワルツの不等式を用いても求まるが，ここでは「相加平均 ≥ 相乗平均」を用いた証明を記す．

$$x+\frac{y}{2}+\frac{y}{2}+\frac{z}{3}+\frac{z}{3}+\frac{z}{3}=4$$

より，

$$\frac{4}{6} \geq \sqrt[6]{x\cdot\left(\frac{y}{2}\right)^2\left(\frac{z}{3}\right)^3}=\frac{1}{\sqrt[3]{2}\sqrt{3}}\sqrt[6]{xy^2z^3}$$

となる．ゆえに，

$$\sqrt[6]{xy^2z^3} \leq \frac{2\sqrt[3]{2}\sqrt{3}}{3}$$

等号は，$x=\dfrac{y}{2}=\dfrac{z}{3}$ のとき成り立つ．

$$\begin{aligned} f(x, y, z) &= x+\frac{2}{y}+\frac{2}{y}+\frac{3}{z}+\frac{3}{z}+\frac{3}{z} \\ &\geq 6\sqrt[6]{\frac{2^2 3^3}{xy^2z^3}}=6\sqrt[3]{2}\sqrt{3}\cdot\frac{1}{\sqrt[6]{xy^2z^3}} \\ &\geq 6\sqrt[3]{2}\sqrt{3}\cdot\frac{3}{2\sqrt[3]{2}\sqrt{3}}=9 \end{aligned}$$

等号は，$x=\dfrac{y}{2}=\dfrac{z}{3}$ のとき，すなわち，$x=\dfrac{2}{3}, y=\dfrac{4}{3}, z=2$ のとき成り立つ．そのとき，$f(x, y, z)$ の最小値は 9 である．

相加平均・相乗平均を用いた証明もここまでくると芸術的である．

3. 算術幾何平均

相加平均，相乗平均を用いて数列を作り，その極限を考えよう．$a_1>0, b_1>0$ とする．

$$a_2=\frac{a_1+b_1}{2}, \qquad b_2=\sqrt{a_1 b_1}$$

$$a_3=\frac{a_2+b_2}{2}, \qquad b_3=\sqrt{a_2 b_2}$$

と次々におき，数列

$$a_n=\frac{a_{n-1}+b_{n-1}}{2}, \qquad b_n=\sqrt{a_{n-1}b_{n-1}}$$

を考える．一般に，

$$a_n \geq b_n$$

となる．数列 $\{a_n\}$ については，

$$a_{n-1}-a_n=\frac{a_{n-1}-b_{n-1}}{2} \geq 0$$

だから，

$$a_{n-1} \geq a_n$$

を得る．したがって，数列 $\{a_n\}$ は単調減少である．数列 $\{b_n\}$ については，

$$b_n - b_{n-1} = \sqrt{a_{n-1}b_{n-1}} - b_{n-1} = \sqrt{b_{n-1}}(\sqrt{a_{n-1}} - \sqrt{b_{n-1}}) \geq 0$$

だから，

$$b_{n-1} \leq b_n$$

となり，数列 $\{b_n\}$ は単調増加である．まとめると，

$$b_1 \leq b_2 \leq \cdots \leq b_{n-1} \leq b_n \leq \cdots \leq a_n \leq a_{n-1} \leq \cdots \leq a_2 \leq a_1$$

となる．ここで，次の定理を思い出そう．

定理　単調で有界な数列は収束する．

この定理から，数列 $\{a_n\}, \{b_n\}$ はともに収束するので，

$$\lim_{n\to\infty} a_n = \alpha, \qquad \lim_{n\to\infty} b_n = \beta$$

とおく．このとき，

$$\lim_{n\to\infty} a_n = \lim_{n\to\infty} a_{n-1} = \alpha$$

だから，

$$a_n = \frac{a_{n-1} + b_{n-1}}{2}$$

において，$n \to \infty$ とすれば，

$$\alpha = \frac{\alpha + \beta}{2}$$

したがって，$\alpha = \beta$ を得る．つまり，

$$\lim_{n\to\infty} a_n = \lim_{n\to\infty} b_n$$

となる．この極限を $\mathrm{AGM}(a_1, b_1)$ とおき，**算術幾何平均**という．

ガウス（F. Gauss）は，この極限値が楕円積分の特殊値と関係があることを発見した．第1種楕円積分は

$$K(k) = \int_0^1 \frac{dx}{\sqrt{(1-x^2)(1-k^2x^2)}}$$

によって定義される積分である．$k^2 = -1$ の場合を考えよう．

$$\int_0^1 \frac{dx}{\sqrt{1-x^4}} = \omega$$

とおく．この積分はレムニスケート曲線

$$(x^2+y^2)^2 = x^2 - y^2$$

の第1象限に位置する部分の弧の長さに等しい．

$$u = \int_0^x \frac{dx}{\sqrt{1-x^4}}$$

をレムニスケート積分といい，初等関数では積分を表示できない．この積分で与えられる多価関数の逆関数を $s = \sin\mathrm{lemn}\, u$ とガウスは記し，レムニスケート関数と呼んだ．一般に，

$$\int_0^x \frac{dx}{\sqrt{(1-x^2)(1-k^2x^2)}}$$

は多価関数であり，一般の k に対しては初等関数では積分できない．逆関数は楕円関数と呼ばれ，18 世紀から深く研究されている．

特別な場合として，$k=0$ の場合を考えてみよう：

$$\int_0^x \frac{dx}{\sqrt{(1-x^2)}}$$

$x=\sin\theta$ と置換積分すれば，$dx=\cos\theta\, d\theta$ で，

$$\int_0^x \frac{dx}{\sqrt{(1-x^2)}}=\int_0^\theta \frac{\cos\theta\, d\theta}{\cos\theta}=\int_0^\theta 1\, d\theta=\theta$$

となる．したがって，$k=0$ の場合，逆関数は

$$x=\sin\theta$$

となり，三角関数にほかならない．

$K(k)$ は算術幾何平均と次のような関係があることが知られている．

定理　$k'=\sqrt{1-k^2}$ とおく．

$$K(k)=\frac{\pi}{2\,\mathrm{AGM}(1,k')}$$

この等式に関して，ガウスは 1799 年 5 月 30 日付けの日記に次のように記している（参考文献［1］）：

「1 と $\sqrt{2}$ の間にある算術幾何平均の値 $\mathrm{AGM}(\sqrt{2},1)$ が $\dfrac{\pi}{2\omega}$ に等しいことを，小数 11 位まで確認した．このことが証明されたなら，解析におけるまったく新しい領域がまちがいなく切り開かれるであろう．」

楕円関数は，その後，数学のさまざまなところで用いられ，整数論や代数幾何学の大きな発展へと繋がるのである．また，この定理は円周率 π の計算にも利用されるが，この話題は他書に譲ろう（参考文献［2］）．

●参考文献……………………

［1］　高瀬正仁『ガウスの《数学日記》』日本評論社，2013.
［2］　梅村浩『楕円関数論』東大出版会，2000.

（かつら・としゆき／法政大学理工学部）

●特集

コーシー－シュワルツの不等式

清水勇二

この不等式は中学・高校以来馴染みのあるものだが，大学生以上の人には大学の線形代数学の中でベクトルについての不等式として記憶されているだろう．この小文では，コーシー－シュワルツの不等式の幾つかの形と証明を振り返ってみよう．そして，名前の由来についても古典的な文献によりはっきりさせよう．

1.　コーシーの不等式

高校数学で必ず出会う不等式

$$(a_1b_1+a_2b_2)^2 \leqq (a_1^2+a_2^2)(b_1^2+b_2^2)$$

がコーシー－シュワルツの不等式の $n=2$ の場合である．この等号が成立するのは，$a_1b_2=a_2b_1$，すなわち連比が等しい $a_1:a_2=b_1:b_2$ となるときである．

この不等式の $n=3$ への拡張は

$$(a_1b_1+a_2b_2+a_3b_3)^2 \leqq (a_1^2+a_2^2+a_3^2)(b_1^2+b_2^2+b_3^2)$$

となる．そして，等号成立条件は，$a_1:a_2:a_3=b_1:b_2:b_3$ となるときである．

これらは(右辺)－(左辺)を平方完成することで証明できる．

$$\begin{aligned}&(a_1^2+a_2^2)(b_1^2+b_2^2)-(a_1b_1+a_2b_2)^2\\&\quad=a_1^2b_2^2+a_2^2b_1^2-2a_1b_1a_2b_2=(a_1b_2-a_2b_1)^2\\&(a_1^2+a_2^2+a_3^2)(b_1^2+b_2^2+b_3^2)-(a_1b_1+a_2b_2+a_3b_3)^2\\&\quad=a_1^2b_2^2+a_1^2b_3^2+a_2^2b_1^2+a_2^2b_3^2+a_3^2b_1^2+a_3^2b_2^2-2a_1b_1a_2b_2-2a_1b_1a_3b_3\\&\qquad-2a_2b_2a_3b_3\\&\quad=(a_1b_2-a_2b_1)^2+(a_1b_3-a_3b_1)^2+(a_2b_3-a_3b_2)^2\end{aligned}$$

成分の数を一般にすると

$$(a_1b_1+a_2b_2+\cdots+a_nb_n)^2 \leqq (a_1^2+a_2^2+\cdots+a_n^2)(b_1^2+b_2^2+\cdots+b_n^2)$$

となる．この一般的な不等式は，コーシーの『解析教程』のノートII，定理XVI(文献1の313ページ)として登場する．おそらくはコーシー以前にも知られていただろう．

以上の古典的な不等式は，今日コーシー－シュワルツの不等式，あるいはシュワルツの不等式と呼ばれている．元来はコーシーの不等式と呼ばれていたようである．

ここで算術平均と幾何平均を比較する相加相乗平均の関係を利用した証明を紹介しよう．まず，

$$A=\sqrt{a_1^2+a_2^2+\cdots+a_n^2},\qquad B=\sqrt{b_1^2+b_2^2+\cdots+b_n^2}$$

とおく．$A=0$ または $B=0$ の場合は不等式の両辺とも0となり成立する．$AB\neq 0$ のとき，相加相乗平均の関係により，

$$\frac{a_i}{A}\cdot\frac{b_i}{B} \leqq \frac{1}{2}\left(\frac{a_i^2}{A^2}+\frac{b_i^2}{B^2}\right)$$

が任意の i について成り立つ．これを i について足し合わせて

$$\sum_{i=1}^{n}\frac{a_ib_i}{AB} \leqq \frac{1}{2}\left(\sum_{i=1}^{n}\frac{a_i^2}{A^2}+\sum_{i=1}^{n}\frac{b_i^2}{B^2}\right)$$

$$\frac{1}{AB}\sum_{i=1}^{n}a_ib_i \leqq \frac{1}{2}\left(\frac{\sum_{i=1}^{n}a_i^2}{A^2}+\frac{\sum_{i=1}^{n}b_i^2}{B^2}\right)=\frac{1}{2}(1+1)=1$$

すなわち，$\sum_{i=1}^{n}a_ib_i \leqq AB$ となる．これを辺々 2 乗すればコーシーの不等式となる．

以下では，シュワルツが証明した不等式，線形代数学における定式化と証明，そして応用，また関連する不等式を述べよう．

2. シュワルツの不等式

コーシーの不等式の和を無限和にしようと考えれば，和を積分に変えた不等式が考えられる．すなわち，関数 $f(x), g(x)$ について

$$\left\{\int_a^b f(x)g(x)dx\right\}^2 \leqq \int_a^b f(x)^2\,dx\int_a^b g(x)^2\,dx$$

が成り立つというのが，シュワルツの不等式である．等号成立は，定数 A, B が存在して $Af(x)\equiv Bg(x)$ が成り立つ場合である．

ここで関数は可測関数で，積分はルベーグ積分で成り立つが，連続関数の（リーマン）積分であると考えて構わない．

文献 2（p. 19 の原註）によれば，この不等式を示した H. A. Schwarz の論文は 1885 年のものだが，それ以前の 1859 年にブニャコフスキー（V. Buniakowsky）が最初に示したらしい，としている．ウィキペディアでも「コーシー＝ブニャコフスキー＝シュワルツの不等式」の呼称も挙げている．なお，H. A. Schwarz（1843-1921）は複素関数論，極小曲面，微分方程式でいろいろな業績を挙げているが，超関数論の Laurent Schwartz（1915-2002）とは別人である．

シュワルツの不等式の証明だが，コーシーの不等式の証明と同様にできる．すなわち

$$\begin{aligned}&\int_a^b f(x)^2\,dx\int_a^b g(x)^2\,dx-\left\{\int_a^b f(x)g(x)dx\right\}^2\\&=\frac{1}{2}\int_a^b f(x)^2\,dx\int_a^b g(y)^2\,dy+\frac{1}{2}\int_a^b g(x)^2\,dx\int_a^b f(y)^2\,dy\\&\qquad-\int_a^b f(x)g(x)\,dx\int_a^b f(y)g(y)\,dy\\&=\frac{1}{2}\int_a^b dy\int_a^b\{f(x)g(y)-g(x)f(y)\}^2\,dx \geqq 0\end{aligned}$$

等号が成立する場合だが，

$$\int_a^b dy\int_a^b\{f(x)g(y)-g(x)f(y)\}^2\,dx=0$$

を仮定することになる．連続関数の場合，$\{f(x)g(y)-g(x)f(y)\}^2$ が連続な正値関数であることに注意しよう．

さて一般に，連続な正値関数 $h(x, y)$ について

$$\int_a^b dy \int_a^b h(x, y)\, dx \geqq 0$$

であって，等号成立は $h(x, y) \equiv 0$ の場合に限る，という事実が成り立つ．これを認めれば，

$$f(x)g(y)-g(x)f(y) \equiv 0$$

となる．これから，等号成立の「定数 A, B が存在して $Af(x) \equiv Bg(x)$ が成り立つ」が従う．実際，$g(y) \equiv 0$ の場合は成り立っているから，$g(y) \not\equiv 0$ として，

$$\frac{f(x)}{g(x)} = \frac{f(y)}{g(y)} \qquad (g(x) \neq 0,\ g(y) \neq 0)$$

が成り立つが，この共通の値は x にも y に依らない定数(それを B とする)であるから，$A=1$ ととればよい．(一般の可測関数の場合については文献 2 参照.)

3. 内積空間でのコーシー－シュワルツの不等式

コーシーの不等式とシュワルツの不等式に，形式的には共通の証明を与えることができる．今日，その証明が多くの教科書に載っている．ヘルマン・ワイルの1918年の著書『空間・時間・物質』にこの証明が出ているのが，どうやら最初らしい．(文献 5 上，p. 71 参照)

形式的な証明ではあるが，一番に本質を捉えているとも言える．その証明のために，抽象的ではあるが，内積空間の概念を説明しよう．内積空間は，線形空間に内積が加わったものなので，まず線形空間の定義から始める．

高校で習うベクトルは，ベクトル同士を足すこと(加法)と，ベクトルを何倍かすること(スカラー倍)の 2 つの操作ができる特徴がある．これを基に線形空間あるいはベクトル空間と呼ばれる概念が定義できる．(例えば，文献 3，p. 96 参照)

定義 3.1 集合 V の任意の元 u, v に対して(和と呼ばれる) V の元 $u+v$ が定まり，また V の任意の元 u と任意の実数 $\alpha \in \mathbb{R}$ に対して(スカラー倍と呼ばれる) V の元 αu が定まり，次の条件が満たされるとき，V を実数体 $\mathbb{R}$ 上の線形空間(linear space)またはベクトル空間(vector space)という．($\mathbb{R}$ 線形空間，あるいは実ベクトル空間ともいう.)

(1) $(u+v)+w = u+(v+w) \qquad (u, v, w \in V)$

(2) $u+v = v+u \qquad (u, v \in V)$

(3) 0 と記される元(ゼロ・ベクトルと呼ばれる)で $u+0 = u\ (u \in V)$ を満たすものが存在する．

(4) 任意の u に対して u' という元で $u+u' = u'+u = 0$ を満たすものが存在する．

(5) $\alpha(u+v) = \alpha u+\alpha v \qquad (\alpha \in \mathbb{R}, u, v \in V)$

(6) $(\alpha+\beta)u = \alpha u+\beta u \qquad (\alpha, \beta \in \mathbb{R}, u \in V)$

(7) $\alpha(\beta u) = (\alpha\beta)u \qquad (\alpha, \beta \in \mathbb{R}, u \in V)$

（8） $1\cdot u = u \qquad (u \in V)$

（4）の u' は唯一つであることが分かり，$(-1)u$ は条件を満たすので $u' = -u$ である．

$u_1, \cdots, u_n \in V, \alpha_1, \cdots, \alpha_n \in \mathbb{R}$ に対して，$\alpha_1 u_1 + \cdots + \alpha_n u_n$ を1次結合という．

$$\mathbb{R}u_1 + \cdots + \mathbb{R}u_n := \{\alpha_1 u_1 + \cdots + \alpha_n u_n \mid \alpha_1, \cdots, \alpha_n \in \mathbb{R}\}$$

とおく．これを $\mathrm{span}\{u_1, \cdots, u_n\}$ と記すこともある．

$$\alpha_1 u_1 + \cdots + \alpha_n u_n = 0 \implies \alpha_1 = \cdots = \alpha_n = 0$$

が成り立つとき，$u_1, \cdots, u_n$ は（$\mathbb{R}$ 上）1次独立（linearly independent）であるという．1次独立でないとき，1次従属（linearly dependent）であるという．（文献3，p. 99参照）

定義 3.2　$\mathbb{R}$ 線形空間 V に対して，$V = \mathbb{R}u_1 + \cdots + \mathbb{R}u_n$ となる V の元 $u_1, \cdots, u_n$ が存在するとき，V は有限次元（finite dimensional）であるといい，また $\{u_1, \cdots, u_n\}$ を V の（$\mathbb{R}$ 上の）生成系（generating system）であるという．

V の生成系 $\{u_1, \cdots, u_n\}$ が（$\mathbb{R}$ 上）1次独立であるとき，$\{u_1, \cdots, u_n\}$ は V の（$\mathbb{R}$ 上の）基底（basis）であるという．基底の元の個数を V の（$\mathbb{R}$ 上の）次元といい，$\dim V$（あるいはより詳しく $\dim_{\mathbb{R}} V$）と記す．文献3，p. 103）

上の定義で実数体 $\mathbb{R}$ を複素数体 $\mathbb{C}$ に替えると複素線形空間に関連する定義となる．有限次元でないとき，無限次元線形空間という．

定義 3.3（内積）　V を $\mathbb{R}$ 線形空間とする．

$u, v \in V$ に対して実数 $\langle u, v \rangle$ が定まっていて次の条件が満たされるとき，$\langle\ ,\ \rangle$ を内積（inner product）という．

（1） $\langle u+v, w \rangle = \langle u, w \rangle + \langle v, w \rangle \qquad (u, v, w \in V)$

（2） $\langle u, v+w \rangle = \langle u, v \rangle + \langle u, w \rangle \qquad (u, v \in V)$

（3） $\langle \alpha u, v \rangle = \langle u, \alpha v \rangle = \alpha \langle u, v \rangle \qquad (\alpha \in \mathbb{R}, u, v \in V)$

（4） $\langle v, u \rangle = \langle u, v \rangle \qquad (\alpha \in \mathbb{R}, u, v \in V)$

（5） $\langle u, u \rangle \geq 0 \quad (u \in V)$；$\langle u, u \rangle = 0$ となるのは $u = 0$ のときのみ．

（1）～（3）を満たすものを双線形形式という．（5）の条件は正値性の条件と呼ばれる．

$\mathbb{R}$ 線形空間と内積の組 $(V, \langle\ ,\ \rangle)$ を内積空間（inner product space）という．（文献3，p. 120参照）

注意 3.4　複素線形空間を考え，内積の定義において，条件（3），（4）を次の（3′），（4′）で置き換えて定義したものをエルミート内積（Hermitian inner product）という．エルミート内積を備えた複素線形空間を複素内積空間という．

（3′） $\langle \alpha u, v \rangle = \langle u, \bar{\alpha} v \rangle = \alpha \langle u, v \rangle \qquad (\alpha \in \mathbb{C}, u, v \in V)$

（4′） $\langle v, u \rangle = \overline{\langle u, v \rangle} \qquad (\alpha \in \mathbb{C}, u, v \in V)$

例 3.5　1）　n 次元列ベクトルの全体 $\mathbb{R}^n$ は線形空間であり，$\mathbf{x} = [x_1, \cdots, x_n]^T, \mathbf{y} = [y_1, \cdots, y_n]^T$ に対して

$$\langle \mathbf{x}, \mathbf{y} \rangle = \mathbf{x} \cdot \mathbf{y} = \sum_{i=1}^{n} x_i y_i$$

は内積である．ここで列ベクトルを(行列の)転置を利用して表示している．

$$\mathbf{x} = \begin{bmatrix} x_1 \\ \vdots \\ x_n \end{bmatrix} = [x_1, \cdots, x_n]^T$$

2)　区間 $[a, b]$ で定義された連続関数の全体 $C([a, b])$ は線形空間であり，関数 $f(x), g(x) \in C([a, b])$ に対して

$$\langle f, g \rangle = \int_a^b f(x) g(x)\, dx$$

は内積である．$C([a, b])$ より広い空間である(2 乗可積分)関数の全体 $L^2([a, b])$ も，同じ内積の入れ方で内積空間となる．$L^2([a, b])$ は $C([a, b])$ の完備化と呼ばれるものになっている．

内積空間 $(V, \langle\ ,\ \rangle)$ において，

$$\|u\| = \sqrt{\langle u, u \rangle} \quad (\geqq 0)$$

と定めて u のノルムまたは長さという．列ベクトルの空間 $\mathbb{R}^n$ においては，$\mathbf{x} = [x_1, \cdots, x_n]^T \in \mathbb{R}^n$ について

$$\|\mathbf{x}\| = \sqrt{x_1^2 + \cdots + x_n^2}$$

となる．三平方の定理により，このノルムはベクトル $\mathbf{x}$ の長さに他ならない．

定理 3.6 (コーシー - シュワルツの不等式)　内積空間 $(V, \langle\ ,\ \rangle)$ において，次の不等式が成立する．

$$|\langle u, v \rangle| \leqq \|u\| \cdot \|v\|$$

等号成立は，u, v が 1 次従属であるときである．

列ベクトルの空間 $\mathbb{R}^n$ では，両辺を 2 乗した不等式を考えると

$$(\mathbf{x} \cdot \mathbf{y})^2 = (x_1 y_1 + \cdots + x_n y_n)^2 \leqq (x_1^2 + \cdots + x_n^2)(y_1^2 + \cdots + y_n^2) = \|\mathbf{x}\|^2 \cdot \|\mathbf{y}\|^2$$

となり，これはコーシーの不等式に他ならない．そして，連続関数のなす内積空間 $C([a, b])$ (ないし $L^2([a, b])$) において定理の示す不等式は，積分についてのシュワルツの不等式に他ならない．

さて，この定理の証明だが，$\|tu + v\|^2$ を考える．もちろん $\|tu + v\|^2 \geqq 0$ である．

$$\|tu + v\|^2 = \langle tu + v, tu + v \rangle = \langle u, u \rangle t^2 + 2\langle u, v \rangle t + \langle v, v \rangle$$

であるが，t の 2 次式としてつねに $\geqq 0$ であるから，判別式は $D \leqq 0$ となる．

$$D/4 = \langle u, v \rangle^2 - \langle u, u \rangle \langle v, v \rangle \leqq 0$$

を得るが，これが示すべき不等式に他ならない．判別式が 0 となるのは，$\|tu + v\|^2 = 0$ に解が存在することを意味する．すなわち，$v = -tu$ となる実数が存在する場合である．したがって，等号成立は u, v が 1 次従属であるとき，となる．

複素内積空間でもコーシー - シュワルツの不等式は成立する．しかし，その証明にはもう一工夫が必要であり，$\|tu + v\|^2$ を $t = \overline{\langle u, v \rangle} s \ (s \in \mathbb{R})$ について考えれ

ばよい．

列ベクトルの空間$\mathbb{R}^n$で，コーシー－シュワルツの不等式が成り立つことが分かると

$$\cos\theta = \frac{\mathbf{x}\cdot\mathbf{y}}{\|\mathbf{x}\|\cdot\|\mathbf{y}\|} \leqq 1$$

によりベクトル$\mathbf{x}$と$\mathbf{y}$のなす角度$\theta\,(0 \leqq \theta < \pi)$を定義することができる．すると

$$\mathbf{x}\cdot\mathbf{y} = \|\mathbf{x}\|\cdot\|\mathbf{y}\|\cos\theta$$

という式が得られる．この式と$\cos\theta \leqq 1$からコーシー－シュワルツの不等式の証明ができたとすることはできない．

4. 関連する不等式

コーシー－シュワルツの不等式は，いろいろな方向に拡張されたり，関連する不等式が考えられている．そのいくつかを見てみよう．

まず，コーシー－シュワルツの不等式の系である三角不等式を挙げよう．内積空間$(V, \langle\ ,\ \rangle)$の元u, vについて

$$\|u+v\| \leqq \|u\|+\|v\|$$

が成り立つ．証明は簡単で，

$$\begin{aligned}(\|u\|+\|v\|)^2-\|u+v\|^2 &= (\|u\|^2+2\|u\|\cdot\|v\|+\|v\|^2)-\langle u+v, u+v\rangle \\ &= 2(\|u\|\cdot\|v\|-\langle u, v\rangle) \geqq 0\end{aligned}$$

とすればよい．列ベクトルの場合には次の不等式となる．

$$\begin{aligned}&\sqrt{(a_1+b_1)^2+(a_2+b_2)^2+\cdots+(a_n+b_n)^2} \\ &\quad \leqq \sqrt{a_1^2+a_2^2+\cdots+a_n^2}+\sqrt{b_1^2+b_2^2+\cdots+b_n^2}\end{aligned}$$

次に，$\mathbf{x}_1, \cdots, \mathbf{x}_m$を$n$次元ベクトルとするとき，次の行列式についての正値性が成り立つ．（文献1，p. 19，定理8）

$$\begin{vmatrix} \mathbf{x}_1\cdot\mathbf{x}_1 & \mathbf{x}_1\cdot\mathbf{x}_2 & \cdots & \mathbf{x}_1\cdot\mathbf{x}_m \\ \mathbf{x}_2\cdot\mathbf{x}_1 & \mathbf{x}_2\cdot\mathbf{x}_2 & \cdots & \mathbf{x}_2\cdot\mathbf{x}_m \\ \vdots & \vdots & \ddots & \vdots \\ \mathbf{x}_m\cdot\mathbf{x}_1 & \mathbf{x}_m\cdot\mathbf{x}_2 & \cdots & \mathbf{x}_m\cdot\mathbf{x}_m \end{vmatrix} \geqq 0$$

$\mathbf{x}_i = [x_1^{(i)}, x_2^{(i)}, \cdots, x_n^{(i)}]^T$とすると，

$$\mathbf{x}_i\cdot\mathbf{x}_j = \sum_{k=1}^{n} x_k^{(i)} x_k^{(j)}$$

である．これは$\mathbf{x}_i$を並べた行列$X = (\mathbf{x}_1, \mathbf{x}_2, \cdots, \mathbf{x}_m)$を考えると$X^TX$の行列式が$\geqq 0$という性質に他ならない．

$m = 2$の場合がコーシーの不等式で，実際$\mathbf{x}_1 = \mathbf{x}, \mathbf{x}_2 = \mathbf{y}$とすると，

$$\begin{aligned}\begin{vmatrix} \mathbf{x}\cdot\mathbf{x} & \mathbf{x}\cdot\mathbf{y} \\ \mathbf{y}\cdot\mathbf{x} & \mathbf{y}\cdot\mathbf{y} \end{vmatrix} &= (\mathbf{x}\cdot\mathbf{x})(\mathbf{y}\cdot\mathbf{y})-(\mathbf{x}\cdot\mathbf{y})(\mathbf{y}\cdot\mathbf{x}) \\ &= \|\mathbf{x}\|^2\cdot\|\mathbf{y}\|^2-(\mathbf{x}\cdot\mathbf{y})^2 \geqq 0\end{aligned}$$

となる．

次に，ヘルダー(Hölder)の不等式を挙げよう．$p>1$ に対して $q=\frac{p}{p-1}$ とおく．（文献 1，p. 31，定理 14） すると，

$$|a_1b_1+a_2b_2+\cdots+a_nb_n| \\ \leqq (|a_1|^p+|a_2|^p+\cdots+|a_n|^p)^{1/p}\cdot(|b_1|^q+|b_2|^q+\cdots+|b_n|^q)^{1/q}$$

もう一つ，ミンコフスキー(Minkowski)の不等式を挙げる．（文献 1，p. 39，定理 25）

$$((a_1+b_1)^p+(a_2+b_2)^p+\cdots+(a_n+b_n)^p)^{1/p} \\ \leqq (a_1^p+a_2^p+\cdots+a_n^p)^{1/p}+(b_1^p+b_2^p+\cdots+b_n^p)^{1/p}$$

ヘルダーの不等式にもミンコフスキーの不等式にも，対応する積分形の不等式が成立する．それらは，(2 乗可積分)関数の空間 $L^2([a,b])$ を拡張した L^p 空間 $L^p([a,b])$ のノルムの性質となっている．それらは関数解析の枠組みで自然に理解される．（文献 4 参照）

●参考文献……………………

1.『コーシー解析教程』A. L. コーシー著；西村重人訳，高瀬正仁監訳，数学くらしくす，みみずく舎，2011.4
2.『不等式』G. H. ハーディ，J. E. リトルウッド，G. ポーヤ著；細川尋史訳，シュプリンガー数学クラシックス 第 11 巻，丸善出版，2012.8.
3.『線型代数入門』齋藤正彦著，東京大学出版会，1966.3.
4.『関数解析』藤田宏，黒田成俊，伊藤清三著，岩波基礎数学選書，岩波書店，1991.2.
5.『空間・時間・物質』(上・下)H. ワイル著，内山龍雄訳，ちくま学芸文庫，2007.4.
MacTutor History of Mathematics archive の Hermann Amandus Schwarz のページ (http://www-gap.dcs.st-and.ac.uk/~history/Biographies/Schwarz.html) も参照.

（しみず・ゆうじ／国際基督教大学教養学部）

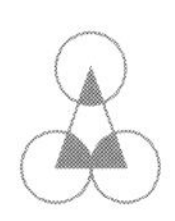

●特集

凸解析を利用した不等式の証明とその周辺

安藤哲哉

1. 代表的な不等式の証明方法

高校までの「不等式」は，「不等式の解法」と「不等式の証明」からなり，大半の高校生にとっては後者のほうが難しかったと思う．不等式の証明とは，

$$f(x_1, x_2, \cdots, x_n) \geqq g(x_1, x_2, \cdots, x_n) \quad ①$$

が，$\mathbb{R}^n$ のある部分集合 A 上で成立することを証明せよ，という問題である．ここで，$\mathbb{R}^n$ は実数 $x_1, \cdots, x_n$ の組 $(x_1, \cdots, x_n)$ 全体の集合を表す．高校の問題では，部分集合 A として $\mathbb{R}^n$ か，次の 2 つの集合のいずれかが登場することが多かった．

$$\mathbb{R}^n_{\geqq 0} := \{(x_1, \cdots, x_n) \in \mathbb{R}^n \mid x_1 \geqq 0, \cdots, x_n \geqq 0\}$$
$$\mathbb{R}^n_{>0} := \{(x_1, \cdots, x_n) \in \mathbb{R}^n \mid x_1 > 0, \cdots, x_n > 0\}$$

不等式 ① は，(左辺)−(右辺) を考えることにより，集合 A 上で，

$$f(x_1, x_2, \cdots, x_n) \geqq 0 \quad ②$$

が成り立つことを証明することに帰着される．集合 A が，② で定まる集合の部分集合であることを証明する，と言い替えてもよい．

$A = \mathbb{R}^n$ で f が偶数次の多項式の場合には，

$$f(x_1, x_2, \cdots, x_n) = \sum_{i=1}^{r} g_i(x_1, x_2, \cdots, x_n)^2 \quad ③$$

という変形を工夫して証明する問題も多かった．この手法を **SOS** (Sum of squares) という．SOS は，著名な数学者が取り組んできた問題である．特に有名なのは Hilbert の第 17 問題で，Artin は実閉体の理論を用いて以下の定理を証明した([永田] § 5.3 参照)．

定理. $f(x_1, \cdots, x_n)$ が多項式で，$\mathbb{R}^n$ 上で ② が成り立つならば，ある何個かの有理関数 $g_1, \cdots, g_r$ によって ③ のように表すことができる．

ここで，$g_1, \cdots, g_r$ は多項式として選べるとは限らないことに注意する．例外として，f が 2 次斉次式の場合，および，f が 4 次斉次式で $n = 3$ の場合は，$g_1, \cdots, g_r$ を多項式として選ぶことができる (Hilbert 自身が [Hil] で証明しているが，証明はかなり難解である)．それ以外の条件下では，すべて反例がある．

解析学を用いる方法も，代表的な不等式の証明方法である．例えば，次の Maclaurin の不等式も，1 変数関数の増減の考察を利用した比較的簡明な証明が知られている (ただし，それなりに証明は長い．[安藤] 定理 1.1.4 参照)．

Maclaurin の不等式. $a_1, a_2, \cdots, a_n$ は正の実数とする．s_k をその k 次基本対称式，$m_k = {}_n\mathrm{C}_k$ とするとき，

$$\frac{s_1}{m_1} \geqq \sqrt{\frac{s_2}{m_2}} \geqq \sqrt[3]{\frac{s_3}{m_3}} \geqq \cdots \geqq \sqrt[n]{\frac{s_n}{m_n}}$$

が成り立つ．ここで，少なくとも1つの不等号 $\geqq$ が等号 $=$ になるためには，$a_1 = a_2 = \cdots = a_n$ となることが必要十分である．

Maclaurin の不等式は，次の Newton の不等式と等価である（[安藤] 定理 1.1.5）．

Newton の不等式． 上の記号において，$1 \leqq i \leqq n-1$ に対し，

$$\left(\frac{s_i}{m_i}\right)^2 \geqq \frac{s_{i-1}}{m_{i-1}} \cdot \frac{s_{i+1}}{m_{i+1}}$$

が成り立つ．

解析的な証明方法については，導関数を用いて関数の増減を考察する方法以外に，関数の凹凸を利用した凸解析も，しばしば用いられる．

2. 凸関数に関する不等式

I を区間とし，$f(x)$ は I 上で定義された関数とする．$f(x)$ が連続である必要はない．$a<b<c$ を満たす任意の $a, b, c \in I$ に対し，

$$f(b) < \frac{(c-b)f(a)+(b-a)f(c)}{c-a} \qquad ⑤$$

が成り立つとき，$f(x)$ は I で（下に）**狭義凸**であるという．⑤ の代わりに，

$$f(b) \leqq \frac{(c-b)f(a)+(b-a)f(c)}{c-a} \qquad ⑥$$

が成り立つとき，$f(x)$ は I で（下に）**広義凸**であるという．

I が開区間で，$f(x)$ が I 上で2階微分可能なときは，I 上で $f''(x) \geqq 0$ が成り立つことと，I で広義凸であることは同値である．

次の不等式は，受験業界では**凸不等式**とも呼ばれる．

Jensen の不等式． f が，区間 I で下に広義凸であり，$x_i \in I$，$0 \leqq \lambda_i \leqq 1\ (i=1, 2, \cdots, n)$，$\lambda_1+\lambda_2+\cdots+\lambda_n = 1$ であれば，

$$f\left(\sum_{i=1}^{n} \lambda_i x_i\right) \leqq \sum_{i=1}^{n} \lambda_i f(x_i) \qquad ⑦$$

が成り立つ．もし，f が I で下に狭義凸で，$0<\lambda_i<1\ (i=1, 2, \cdots, n)$ ならば，⑦で等号が成立するのは，$x_1 = x_2 = \cdots = x_n$ の場合に限る．

証明は WEB 上でも，いろいろ公開されている．

Jensen の不等式は応用が広い．例えば，$f(x) = -\log x$ として上の定理を適用すると，

$$\log\left(\sum_{i=1}^{n} \lambda_i x_i\right) \geqq \sum_{i=1}^{n} \lambda_i \log x_i$$

となる．ここで，両辺の指数関数をとると，次の不等式が得られる．

重み付き AM-GM 不等式． $x_1, x_2, \cdots, x_n$ は正の実数，$\lambda_1, \lambda_2, \cdots, \lambda_n$ は正の実数で $\lambda_1+\lambda_2+\cdots+\lambda_n = 1$ を満たすとする．すると，

$$\lambda_1 x_1 + \lambda_2 x_2 + \cdots + \lambda_n x_n \geqq x_1^{\lambda_1} x_2^{\lambda_2} \cdots x_n^{\lambda_n}$$

が成り立つ．等号は，$x_1 = x_2 = \cdots = x_n$ の場合に限り成立する．

もちろん，$\lambda_1=\lambda_2=\cdots=\lambda_n=1/n$ の場合が，AM-GM 不等式である．

3. Majorization

ここから，もうすこし本格的な凸解析に入る．Majorization というのは直訳すると，多数決とか，多数評決であるが，数学用語としてはピンとこないので，そのまま majorization と書かせてもらう．

$\mathbf{x}=(x_1,\cdots,x_n),\mathbf{y}=(y_1,\cdots,y_n)\in\mathbb{R}^n$ に対し，

$$x_1+x_2+\cdots+x_n=y_1+y_2+\cdots+y_n$$

$$x_1+x_2+\cdots+x_k\geqq y_1+y_2+\cdots+y_k \qquad (k=1,2,\cdots,n-1)$$

が成り立つとき，$\mathbf{x}\succeq\mathbf{y}$ とか $\mathbf{y}\preceq\mathbf{x}$ と書くことにし，$\mathbf{x}$ は $\mathbf{y}$ を Majorize するとか，$\mathbf{x}$ は $\mathbf{y}$ の Majorization であるという．

Karamata の不等式． $f(x)$ は区間 I で下に広義凸な 1 階微分可能な関数とする．実数 $a_1,\cdots,a_n;b_1,\cdots,b_n\in I$ は，$a_1\geqq a_2\geqq\cdots\geqq a_n, b_1\geqq b_2\geqq\cdots\geqq b_n$ かつ，

$$(a_1,a_2,\cdots,a_n)\succeq(b_1,b_2,\cdots,b_n)$$

を満たすと仮定する．すると，

$$f(a_1)+f(a_2)+\cdots+f(a_n)\geqq f(b_1)+f(b_2)+\cdots+f(b_n)$$

が成り立つ．

証明． $A_0:=0$，$B_0:=0$，$A_k:=\sum_{i=1}^k a_i$，$B_k:=\sum_{i=1}^k b_i$，$c_i:=\dfrac{f(b_i)-f(a_i)}{b_i-a_i}$（ただし，$a_i=b_i$ の場合は $c_i:=f'(a_i)$）とおく．$A_k\geqq B_k$，$A_n=B_n$ である．また，$a_i\geqq a_{i+1}$，$b_i\geqq b_{i+1}$ で，x が大きくなるにともない $f(x)$ の平均変化率は増加するので，$c_i\geqq c_{i+1}$ が成り立つ．

$$\begin{aligned}\sum_{i=1}^n(f(a_i)-f(b_i))&=\sum_{i=1}^n c_i(a_i-b_i)\\&=\sum_{i=1}^n c_i(A_i-B_i)-\sum_{i=1}^n c_i(A_{i-1}-B_{i-1})\\&=c_n(A_n-B_n)+\sum_{i=1}^{n-1}(c_i-c_{i+1})(A_i-B_i)\\&\geqq 0\end{aligned}$$

であり，求める不等式を得る．

Karamata の不等式の応用は後で述べる．次の Muirhead（ミュアヘッド）の不等式は凸解析の応用ではないが，重要な不等式である．

Muirhead の不等式． d を正の実数，n を自然数とし，

$$\mathcal{I}_d^n:=\{(p_1,p_2,\cdots,p_n)\in\mathbb{R}^n\mid p_1\geqq p_2\geqq\cdots\geqq p_n\geqq 0, p_1+\cdots+p_n=d\}$$

とおく．$\mathbf{p}=(p_1,p_2,\cdots,p_n)\in\mathcal{I}_d^n$ に対し，

$$T(\mathbf{p})=T(p_1,\cdots,p_n):=\sum_{\sigma\in\mathfrak{S}_n}x_{\sigma(1)}^{p_1}x_{\sigma(2)}^{p_2}\cdots x_{\sigma(n)}^{p_n}$$

とおく．$\mathbf{p},\mathbf{q}\in\mathcal{I}_d^n$ が $\mathbf{p}\succeq\mathbf{q}$ を満たすとき，非負実数 $x_1,x_2,\cdots,x_n$ に対し，

$$T(\mathbf{p})\geqq T(\mathbf{q})$$

が成り立つ．ここで，$\mathfrak{S}_n$ は集合 $\{1,2,\cdots,n\}$ 上の全単射全体の集合を表し，n 次

の置換群と呼ばれる．

証明は結構複雑なので，［安藤］定理 1.2.8 などを参照してほしい．

上の定理はそのままだと，ちょっと理解しにくいと思うので，$n=3$ で次数 d が小さい多項式の場合に，Muirhead の不等式を書いてみよう，以下，

$$\sum_3 a^3 = a^3+b^3+c^3$$

$$\sum_3 a^2b^2 = a^2b^2+b^2c^2+c^2a^2$$

$$\sum_6 a^4b = a^4b+b^4c+c^4a+ab^4+bc^4+ca^4$$

のような省略記号を用いる．$\sum$ の下の数字は項の個数である．

例えば，3 変数 3 次斉次多項式の場合には，$(3,0,0)\succeq(2,1,0)\succeq(1,1,1)$ なので，Muirhead の不等式は以下のようになる．

$$2\sum_3 a^3 \geqq \sum_6 a^2b \geqq 6abc \qquad (a\geqq 0, b\geqq 0, c\geqq 0)$$

同様に，4，5，6 次の Muirhead の不等式は以下のようになる．

$$2\sum_3 a^4 \geqq \sum_6 a^3b \geqq 2\sum_3 a^2b^2 \geqq 2\sum_3 a^2bc$$

$$2\sum_3 a^5 \geqq \sum_6 a^4b \geqq \sum_6 a^3b^2 \geqq 2\sum_3 a^3bc \geqq 2\sum_3 a^2b^2c$$

$$2\sum_3 a^6 \geqq \sum_6 a^5b \geqq \sum_6 a^4b^2 \geqq 2\sum_3 a^4bc \geqq \sum_6 a^3b^2c \geqq 6a^2b^2c^2$$

$$2\sum_3 a^3b^3 \geqq \sum_6 a^3b^2c \geqq 6a^2b^2c^2$$

$$(a\geqq 0, b\geqq 0, c\geqq 0)$$

Muirhead の不等式の証明は，次の並べ替え不等式の証明とアイデアが似ている．

並べ替え不等式． $x_i, y_i\,(1\leqq i\leqq n)$ は，実数で，

$$x_1\geqq x_2\geqq\cdots\geqq x_n, \qquad y_1\geqq y_2\geqq\cdots\geqq y_n$$

を満たすとする．また，$z_1, z_2, \cdots, z_n$ は $y_1, y_2, \cdots, y_n$ を任意の順に並べ替えたものとする．すると，

$$\begin{aligned} x_1y_1+x_2y_2+\cdots+x_ny_n &\geqq x_1z_1+x_2z_2+\cdots+x_nz_n \\ &\geqq x_1y_n+x_2y_{n-1}+\cdots+x_ny_1 \end{aligned}$$

が成り立つ．また，

$$x_1y_1+x_2y_2+\cdots+x_ny_n = x_1y_n+x_2y_{n-1}+\cdots+x_ny_1$$

が成り立つための必要十分条件は，

$$x_1=x_2=\cdots=x_n \quad \text{または} \quad y_1=y_2=\cdots=y_n$$

である．

証明は WEB 上でも公開されている．

Karamata の不等式の応用問題．

次の例題は，よく教科書に載っている月並みな問題であるが，Karamata の不等式の使い方に慣れておう．

例題． $a>0, b>0, c>0$ のとき，以下を示せ．

$$\frac{1}{a+b}+\frac{1}{b+c}+\frac{1}{c+a} \leqq \frac{1}{2a}+\frac{1}{2b}+\frac{1}{2c}$$

解答. $a \geqq b \geqq c > 0$と仮定してよい．すると，$(2a, 2b, 2c) \succeq (a+b, a+c, b+c)$である．$f(x) = 1/x\,(x>0)$として，Karamataの不等式を適用すると，求める不等式が得られる． □

例題. $a_1 > 0, a_2 > 0, \cdots, a_n > 0$のとき，以下を示せ．

$$(1+a_1)(1+a_2)\cdots(1+a_n) \leqq \left(1+\frac{a_1^2}{a_2}\right)\left(1+\frac{a_2^2}{a_3}\right)\cdots\left(1+\frac{a_{n-1}^2}{a_n}\right)\left(1+\frac{a_n^2}{a_1}\right)$$

解答. $x_i = \log a_i$とおく．必要なら，2つの数列$A:(2x_1-x_2, 2x_2-x_3, \cdots, 2x_n-x_1)$と，$B:(x_1, x_2, \cdots, x_n)$を降順に並べ替える．すると$A \succeq B$である．あとは，$f(x) = 1+e^x$にKaramataの不等式を適用すると，求める不等式が得られる． □

4. Cîrtoajeの不等式

ここまでの登場人物は歴史上の方々であるが，Cîrtoajeは現役のルーマニア人数学者である．彼のWEBには，大量の不等式集(英文)が無料で置いてあるので，興味ある人はさがしてみてほしい．彼は凸解析を特技としていて，RCF-定理，LCRCF-定理，SIP-定理，EV-定理，AC-定理など，いろいろな不等式の公式を発表している．以下，主なものだけ簡単に説明する．

RCF-定理. nは2以上の整数，Iは$\mathbb{R}$の区間，$s \in I$は定数とする．$f(x)$はI上で定義された関数で，$x \geqq s$で下に広義凸であるとする．もし，

$$x+(n-1)y = ns, \qquad x \leqq s \leqq y$$

を満たす任意の実数$x, y \in I$に対して

$$f(x)+(n-1)f(y) \geqq nf(s)$$

が成り立つならば，$x_1+x_2+\cdots+x_n \geqq ns$を満たす任意の$x_1, x_2, \cdots, x_n \in I$に対して，

$$f(x_1)+f(x_2)+\cdots+f(x_n) \geqq nf\left(\frac{x_1+x_2+\cdots+x_n}{n}\right)$$

が成り立つ．

証明はJensenの不等式とKaramataの不等式を巧みに組み合わせて行う([安藤] 定理4.1.5参照)．RCF-定理の応用問題としては，以下のようなものがある．

問題. ([CIR] p. 150 問3，問4，[安藤] 例題4.2.10) nは2以上の整数，r_1, r_2は

$$r_1 \geqq \sqrt{\frac{n-1}{n}}, \qquad r_2 \leqq \sqrt{\frac{n-1}{n^2-n+1}}$$

を満たす実数，$a_1, \cdots, a_n$は非負実数とする．

(1) $a_1+\cdots+a_n = nr_1$のとき，次の不等式を示せ．

$$\frac{1}{a_1^2+1}+\frac{1}{a_2^2+1}+\cdots+\frac{1}{a_n^2+1} \geqq \frac{n}{r_1^2+1}$$

(2) $a_1+\cdots+a_n = nr_2$のとき，次の不等式を示せ．

$$\frac{1}{a_1^2+1}+\frac{1}{a_2^2+1}+\cdots+\frac{1}{a_n^2+1} \leqq \frac{n}{r_2^2+1}$$

LCRCF-定理とSIP-定理は，RCF-定理と同様に，途中で凹凸が変化する関数についての凸不等式である(誌面の都合で割愛する．[安藤] 第4章参照)．EV-定理は傾向の異なる定理で，多変数関数が最大・最小となる点で何が起きるかを記述するタイプの定理である．定理自体が長いので，忍耐を持って読んでほしい．

EV-定理． $p \neq 1$は実数の定数，nは3以上の整数，$a_1, a_2, \cdots, a_n$は非負実数とする．ただし，$p \leqq 0$の場合は$a_1 > 0, \cdots, a_n > 0$と仮定する．$p \neq 0$の場合は，

$$D_n = \left\{ (x_1, \cdots, x_n) \in \mathbb{R}^n \,\middle|\, \begin{array}{l} 0 < x_1 \leqq x_2 \leqq \cdots \leqq x_n \\ x_1 + x_2 + \cdots + x_n = a_1 + a_2 + \cdots + a_n \\ x_1^p + x_2^p + \cdots + x_n^p = a_1^p + a_2^p + \cdots + a_n^p \end{array} \right\}$$

とおく．$p = 0$の場合は，

$$D_n = \left\{ (x_1, \cdots, x_n) \in \mathbb{R}^n \,\middle|\, \begin{array}{l} 0 < x_1 \leqq x_2 \leqq \cdots \leqq x_n \\ x_1 + x_2 + \cdots + x_n = a_1 + a_2 + \cdots + a_n \\ x_1 x_2 \cdots x_n = a_1 a_2 \cdots a_n \end{array} \right\}$$

とおく．

今，D_nは無限集合であると仮定する．また，$f(x)$は区間$(0, +\infty)$で微分可能な関数とし，

$$g(x) := f'(x^{1/(p-1)})$$

は$(0, +\infty)$で下に狭義凸であると仮定する．さらに，

$$F(x_1, x_2, \cdots, x_n) := f(x_1) + f(x_2) + \cdots + f(x_n)$$

とおく．

（1） $p \leqq 0$の場合，FがD_n上で最大値をとる点$(x_1, \cdots, x_n) \in D_n$では

$$0 < x_1 = x_2 = \cdots = x_{n-1} \leqq x_n \qquad ①$$

が成り立つ．また，Fが最小値をとる点$(y_1, \cdots, y_n)$では

$$0 < y_1 \leqq y_2 = \cdots = y_n \qquad ②$$

が成り立つ．

（2） $p > 0$と仮定する．さらに，$f(x)$は$x = 0$で連続であるか，または，$\lim_{x \to +0} f(x) = -\infty$が成り立つと仮定する．すると，$F$が閉包$\overline{D}_n$上で最大値をとる点$(x_1, \cdots, x_n) \in \overline{D}_n$では

$$0 \leqq x_1 = x_2 = \cdots = x_{n-1} \leqq x_n \qquad ③$$

が成り立つ．また，$\overline{D}_n$上でFが最小値をとる点$(y_1, \cdots, y_n)$では，ある$k \in \{0, 1, \cdots, n-1\}$が存在して，

$$y_1 = y_2 = \cdots = y_k = 0, \qquad y_{k+2} = y_{k+3} = \cdots = y_n \qquad ④$$

が成り立つ．

EV-定理の応用問題としては，次の問題の(2)がある．(1)のほうは，RCF-定理を利用すると解ける．

問題．([CIR] p. 198～200 問1，p. 175 問19，[安藤] 例題4.2.8) k, nは自然数，$a_1, \cdots, a_n$は正の実数で，$a_1 a_2 \cdots a_n = 1$を満たすとする．$k \geqq n$の場合に次の(1)が，$k \geqq n-2$の場合に次の(2)が成り立つことを証明せよ．

（1） $a_1^k+a_2^k+\cdots+a_n^k+kn \geqq (k+1)\left(\dfrac{1}{a_1}+\dfrac{1}{a_2}+\cdots+\dfrac{1}{a_n}\right)$

（2） $a_1^{k+1}+a_2^{k+1}+\cdots+a_n^{k+1}+kn \geqq (k+1)\left(\dfrac{1}{a_1}+\dfrac{1}{a_2}+\cdots+\dfrac{1}{a_n}\right)$

5. 領域の境界上で最大・最小を取る場合

上のEV-定理の考え方と似ているが，ある閉集合上 A で定義された多変数関数が，適当な凸性や傾きを持っていると，A の境界上で最大または最小になることを利用した不等式の証明も非常に多い．このことから1個以上変数が少ない関数の考察に帰着するので，変数の個数が少ない場合には，特に有効である．例えば，次の定理もCîrtoajeが証明したものである(証明は原証明より以下の［安藤］の証明を見てもらうほうがよい)．

定理.（［安藤］定理2.3.1）（1） $f(x,y,z)$ は4次斉次対称多項式とする．このとき，任意の実数 x,y,z に対して $f(x,y,z)\geqq 0$ が成立するための必要十分条件は，

$$f(0,0,1)\geqq 0 \quad かつ \quad f(x,1,1)\geqq 0 \qquad (\forall x\in\mathbb{R}) \tag{①}$$

が成立することである．

（2） $f(x,y,z)$ は3次以上5次以下の斉次対称多項式とする．このとき，任意の非負実数 x,y,z に対して $f(x,y,z)\geqq 0$ が成立するための必要十分条件は，任意の非負実数 x に対して

$$f(x,1,1)\geqq 0 \quad かつ \quad f(x,1,0)\geqq 0 \tag{②}$$

が成立することである．

上の定理の応用を述べる．例えば，3変数3次斉次対称多項式は，ある定数 p,q,r により

$$f_3(a,b,c)=p\sum_3 a^3+q\sum_6 a^2b+rabc$$

と書ける．これに関して，以下が成り立つ．

定理. 任意の $a\geqq 0, b\geqq 0, c\geqq 0$ に対して $f_3(a,b,c)\geqq 0$ が成り立つための必要十分条件は，$p\geqq 0$ かつ $p+q\geqq 0$ かつ $3p+6q+r\geqq 0$ である．

この結果を凸錐の立場から解釈する．3変数3次斉次対称不等式 f_3 全体の集合を $\mathcal{H}_3^s$ とし，その中で，任意の $a\geqq 0$，$b\geqq 0$，$c\geqq 0$ に対して $f_3(a,b,c)\geqq 0$ を満たすような f_3 全体の集合を $\mathcal{P}_3^s\subset\mathcal{H}_3^s$ とする．$\mathcal{H}_3^s$ は3次元の実ベクトル空間で，$\mathcal{P}_3^s$ はその中の閉凸錐である．上の結果から，$\mathcal{P}_3^s$ は三角錐であって，その3つの辺を張る多項式は

$$f_3^{\mathrm{i}}=\sum_3 a^3-\sum_6 a^2b+3abc, \qquad f_3^{\mathrm{ii}}=\sum_6 a^2b-6abc, \qquad f_3^{\mathrm{iii}}=abc$$

である．専門用語では，$f_3^{\mathrm{i}}, f_3^{\mathrm{ii}}, f_3^{\mathrm{iii}}$ が $\mathcal{P}_3^s$ の端的(extremal)元であるという．ここで，$f_3^{\mathrm{i}}\geqq 0$ という不等式は3次のSchur不等式であることに注意する．他方，3変数AM-GM不等式 $a^3+b^3+c^3-3abc\geqq 0$ は，$\mathcal{P}_3^s$ の面の内部の点に対応していて，幾何学的には重要な場所にない．実際，3変数AM-GM不等式は $f_3^{\mathrm{i}}+f_3^{\mathrm{ii}}\geqq 0$ という形である．

3 変数 4 次斉次対称多項式についても，同様な判定条件はあるが，恐ろしく複雑である．そこで，少し，制限を設けた形で説明する．

$$f_4(a,b,c)=\sum_3 a^4+p\sum_6 a^3b+q\sum_3 a^2b^2-(1+2p+q)\sum_3 a^2bc$$

という形の 4 次斉次対称多項式を考える．$a=b=c$ のとき $f_4(a,b,c)=0$ という等号成立条件を満たし，a^4 の係数が正である 4 次斉次対称多項式は，上の形に表すことができる．

定理. （1） 任意の実数 a,b,c に対して $f_4(a,b,c)\geqq 0$ が成り立つための必要十分条件は $q+1\geqq p^2$ である．

（2） 任意の非負実数 $a\geqq 0, b\geqq 0, c\geqq 0$ に対して $f_4(a,b,c)\geqq 0$ が成り立つための必要十分条件は，「$p\leqq -1$ かつ $q+1\geqq p^2$」または「$p>-1$ かつ $2p+q+2\geqq 0$」である．

3 変数 5 次斉次対称不等式については，以下の結果がある．

$$f_5(a,b,c)=\sum_3 a^5+p\sum_6 a^4b+q\sum_6 a^3b^2+r\sum_3 a^3bc -(1+2p+2q+r)\sum_3 a^2b^2c$$

とする．これは，$a=b=c$ のとき $f_5(a,b,c)=0$ という等号成立条件を満たし，a^5 の係数が正である 5 次斉次対称多項式の，一般形である．

定理.

$$d_5(p,q,r):=(4(p+1)(p-2)(2p-1)-9q(2p-1)-9r(p+1))^2 -((2p-1)^2-3(2q+r+2))^3$$

とおく．このとき，任意の $a\geqq 0, b\geqq 0, c\geqq 0$ に対して $f_5(a,b,c)\geqq 0$ が成り立つための必要十分条件は，次の（1）～（4）のいずれかが成立することである．

（1） $p\geqq -1$ かつ $p+q+1\geqq 0$ かつ $2p+r+1>0$

（2） $p\geqq -1$ かつ $p+q+1\geqq 0$ かつ $2p+r+1\leqq 0$ かつ $d_5(p,q,r)\geqq 0$

（3） $-3\leqq p<-1$ かつ $p+q+1\geqq 0$ かつ $d_5(p,q,r)\geqq 0$ かつ $(q,r)\neq(-p-1,-2p-1)$

（4） $p\leqq -3$ かつ $4q\geqq (p+1)^2+4$ かつ $d_5(p,q,r)\geqq 0$

3 変数の巡回不等式についても，3 次と 4 次の場合には，上と同じ趣旨の結果があるが，もっと複雑になる．また，4 変数 3 次斉次巡回多項式，4 変数 4 次対称不等式についても，上のような判別条件がわかっている．これらは，凸解析というより実代数幾何学が主な証明手段になる．

6. Shapiro の巡回不等式

n をは 3 以上の自然数，$x_1, x_2, \cdots, x_n$ は正の実数とする．不等式

$$(P_n)\qquad \frac{2}{n}\sum_{i=1}^{n}\frac{x_i}{x_{i+1}+x_{i+2}}\geqq 1$$

（ただし，$x_{n+i}=x_i$ とする）が成立するかどうか，という問題を考える．Shapiro は 1954 年に (P_n) を予想として提示したが，1979 年までには，n が 14 以上の偶数か，25 以上の奇数の場合には (P_n) が成立しないことが証明された．(P_n) の左

辺を $F_n(x_1, \cdots, x_n)$ とおく．フィールズ賞を受賞したDrinfel'dは，高校生時代，n が3以上の任意の整数を動くとき，F_n の下限は，Drinfel'd定数と呼ばれる定数 $\gamma \fallingdotseq 0.98913363444699$ であることを証明した([Dri]，[安藤] 定理5.2.27参照)．

$$K_n^{\bullet} := \left\{ (x_1, \cdots, x_n) \in \mathbb{R}_{\geqq 0}^n \;\middle|\; \begin{array}{l} (x_1, \cdots, x_n) \notin \mathbb{R}_{>0}^n, \\ x_i = x_{i+1} = 0 \text{ を満たす } i \text{ は存在しない} \end{array} \right\}$$

$$K_n = \mathbb{R}_{>0}^n \cup K_n^{\bullet}$$

とおき，F_n の左辺の定義域を K_n まで拡張して考える．$n \geqq 5$ のとき，K_n 上で (P_n) が成立すれば，K_{n-2} 上で (P_{n-2}) が成立することは，比較的簡単に証明できる．(P_{14})，(P_{25}) の反例が存在するので，n が14以上の偶数か，25以上の奇数の場合には (P_n) が成立しないのである．逆に，(P_{12}) を証明すれば，n が4以上12以下の偶数の場合に (P_n) が成立することがわかり，(P_{23}) を証明すれば，n が3以上23以下の奇数の場合には (P_n) は成立することがわかる．また，もし，$\mathbb{R}_{>0}^n$ 内の点で F_n が最小値を取れば，(P_n) が成立することが知られている([安藤] 定理5.2.12)．したがって，(P_n) が成立しない場合，F_n の最小値は境界 $K_n^{\bullet}$ で取る．境界 $K_n^{\bullet}$ は $n-1$ 次元の集合ではあるが，すこし議論をすると最終的には2変数有理関数の最小値問題に帰着される．

$n = 12$ の場合には，$K_{12}^{\bullet}$ の成分の種類が少なく，登場する関数もあまり複雑でないので，解析的な方法で (P_{12}) が証明できる．$n = 23$ の場合は，$K_{23}^{\bullet}$ の成分の種類が多く，2変数有理関数が非常に次数の高い関数になるので，まだ部分的に数値解析を利用した証明しか知られていない．

不等式の研究は1990年くらいから再び急速に発展しはじめたが，その理由としては，数式処理ソフトにより，手計算では手に追えないような複雑な計算が瞬時にできるようになったことと，関数のグラフを描くのが容易になり，証明しようとしている不等式が正しいそうか否か予想をするのが容易になり，成立しない不等式の証明を考えるというような無駄な時間を使わなくてよくなったのも大きい．また，理論的裏付けをよく理解していれば，グラフを眺めることで，証明のアイデアも発見しやすくなるものである．

●引用文献……………………

[安藤]　安藤哲哉，不等式，数学書房(2012)

[永田]　永田雅宜，可換体論(新版)，裳華房(1967)

[Cir]　Vasile Cîrtoaje, Algebraic Inequalities — Old and New Methods, GIL Publishing House (Romania), 2006

[Dri]　V. G. Drinfel'd, A Cyclic Inequality, Math. Zametki, **9**, No. 2, 113-119, (1971)

[Hil]　D. Hilbert, Über die Darstellung definiter Formen als Summe von Formenquadraren, Math. Ann. **32**, 342-350, (1888)

(あんどう・てつや／千葉大学大学院理学研究科)

●特集

不確定性原理に関わる不等式

小澤正直

1. はじめに

不確定性原理は，1927年ドイツの物理学者ヴェルナー・ハイゼンベルクによって導かれた [1]．現代物理学の根本原理の1つであり，量子力学の法則の中でも最もポピュラーなものの1つであろう．「ラプラスの悪魔」にたとえられるニュートン力学の決定論的世界観を覆し，日常的に経験する世界の根底にある素粒子などの微視的世界では，われわれの認識に大きな制約があることを明らかにした．

しかし，その内容は，教科書でも専門書でも一定していないようである．実際に，物理学科の出身者の多くが「量子力学」の講義で通常，行なわれている説明には，混乱があるように感じたと述べている．つまり，「不確定性原理」とは，ガンマ線顕微鏡という有名な思考実験をもとに，粒子の位置と運動量(または速度)の両者を同時に正確に測定し，決定することはできないことであると説明し，さらに，「不確定性関係」と呼ばれる，両者の測定の「不正確さ」の関係を定量的に表わすとされる不等式の数学的な導き方を説明するのだが，実際に導かれる不等式は位置と運動量の「ゆらぎ」の関係であって，どう考えても，位置と運動量の測定の「不正確さ」の定量的関係が導かれていないということである．不確定性原理のような物理学の大原理が，大学では曖昧な説明で教えられているというのは，信じ難いことであるが，量子力学という学問自体が，まだ，完成からほど遠いのだというのも多くの研究者の実感であろう．

ところで，ここ10年余りの研究によって，この不確定性原理に関わる曖昧さも解決されつつある．1980年代の重力波の検出限界をめぐる論争で，測定誤差が不確定性関係を満たさない例が明らかになったのだが [2]，本格的な研究の進展は，今世紀に入ってからであった．2003年に従来の不確定性関係を書き替える新しい不等式が発表され [3]，さらに，2012年に新しい不等式のスピン測定に関する実験的検証に成功したことが報告された [4]．不確定性原理に関するわれわれの知識は大きく書き替えられようとしている．

では，ハイゼンベルクは，「ゆらぎ」と測定の「不正確さ」という2つの異なる概念を混同していたのであろうか．ハイゼンベルクの論文を仔細に検討すると，ゆらぎと測定の不正確さが単に混同されていたというより，両者には不可分の関係があることが仮定されている．この関係は，測定による「波束の収縮」と呼ばれる現象の定量的表現であり，この仮定の下で，ゆらぎに関する不等式から測定の不正確さに関する不等式が論理的に導かれる．

現代の進んだ量子測定理論では，この「波束の収縮仮説」は，一般性を持たない仮説として放棄されてすでに久しい．しかし，その成果は一般の物理学者にまだ十分に広まっていない．1970年代には，デーヴィスとルイスによりそのような仮説を放棄した一般的な量子測定理論の枠組みが生まれた [5]．1984 年には，その枠組みで物理的に実現可能な量子測定の完全に一般的な特徴付けが得られた [6]．この理論的背景の下で，1980 年代の重力波の検出限界を巡る論争において，波束の収縮を伴わないにも関わらず，正確な測定が可能であることを示す測定のモデルが発見されたのである [2]．前述の，不確定性関係が成立しない例の発見もこのモデルによる．要するに，ハイゼンベルクの不確定性関係は，ゆらぎと測定誤差という 2 つの異なる概念の混同から生まれたというよりは，それらの間に密接な関係があるという「波束の収縮仮説」を含む量子力学において数学的に導かれたのであり，その不成立は，「波束の収縮仮説」の不成立の現れの 1 つである．

本稿では，不確定性原理にともなって現れたいくつかの不等式に焦点を当てつつ，量子力学の基礎に関する理解の深化について解説したい．

2. 不確定性原理はいつ生まれたのか

量子論は，ドイツの物理学者プランクによって端緒が切られた．プランクの量子仮説は，輻射を放出・吸収する振動子のエネルギーは，エネルギー量子と呼ばれる単位量の整数倍に等しいというものである．一般化すると，振り子のような振動子のエネルギーがとびとびの値しかとらないことを意味し，古典物理学の常識を明らかに逸脱するものであった．

ニュートン力学では，角振動数 ω の単振動を行なう質量 m の質点の力学的エネルギーは，質点の位置 q と運動量 p の 2 次式 $H(q,p)$ で

$$H(q,p)=\frac{1}{2m}p^2+\frac{m\omega^2}{2}q^2 \tag{1}$$

と表わされる．時空は連続であるから，同一の運動方程式を満たすさまざまな質点の位置 q と運動量 p は実数全体を値としてとりうる．よって，エネルギー $H(q,p)$ の値域は，連続領域 $0\le H(q,p)$ である．単振動のエネルギー $H(q,p)$ が飛び飛びの値しかとらないというプランクの量子仮説は，明らかにニュートン力学とは相容れなものであり，このことを根本的に説明する新しい力学の体系が待ち望まれていた．量子仮説の提唱から 25 年後の 1925 年に，ハイゼンベルクによって発見された新しい力学の体系が量子力学である．

では，量子力学によってどのように量子仮説が合理化されたのだろうか．物理量は実変数で表わされるというニュートン力学の前提を覆し，量子力学では，物理量は一般に無限次のエルミート行列で表わされ，とりうる値はその固有値であるとされる．そのような枠組みで，位置 Q と運動量 P は交換関係

$$PQ-QP=\frac{h}{2\pi i} \tag{2}$$

を満たすことが要請された．ここで，h はプランク定数を表わす．すると，位置 Q と運動量 P のとりうる値は実数全体であるにも関わらず，単振動の力学的エネルギー

$$H(Q,P)=\frac{1}{2m}P^2+\frac{m\omega^2}{2}Q^2 \tag{3}$$

は，離散的な値

$$E_n = h\nu\left(n+\frac{1}{2}\right) \qquad (n = 0, 1, 2, \cdots) \tag{4}$$

しかとらないことが示される [7，§ 34]．ここで，ν は振動数，すなわち $\nu = (2\pi)^{-1}\omega$ を表わす．このように，非可換性，つまり，物理量の演算が必ずしも乗法の交換法則を満たさないという仮説からプランクの量子仮説が導かれたのである．

交換関係(2)を発見して，量子仮説の数学的導出に成功したハイゼンベルクが次に取り組んだ問題が，交換関係(2)の物理的に直観的な意味を明らかにすることであり，その成果が「不確定性原理」である．1926 年 5 月にハイゼンベルクがコペンハーゲンでボーアの助手に就任してから，1927 年に不確定性原理を発表するまでの経緯については拙稿 [8] を参照されたい．

3. 不確定性原理とは何か

「不確定性原理」という言葉を国語辞典で引くと

> 量子力学において，粒子の位置と運動量，エネルギーと時間などの一組の物理量について，その両者を同時に正確に測定し，決定することはできないことをいう．二つの測定値の不確定さの積はプランク定数に比例する一定値より小さくなり得ないという不確定関係が成り立つ．1927 年ハイゼンベルクによって導かれた．

と定義されている [*1]．ハイゼンベルク自身の著作の中にこの定義とほとんど一致する記述がある．それは，ハイゼンベルクが 1927 年に不確定性原理を最初に提唱した論文の要旨の次の一節である [1，p. 172]．

> 正準共役な物理量は，ある特徴的な不正確さの下でのみ同時に決定することができることが示される(第 1 節)．

ハイゼンベルクの論文要旨にある「正準共役な物理量」というのは，まさに国語辞典の定義の「粒子の位置と運動量，エネルギーと時間などの一組の物理量」のことを意味する．また，論文要旨にある「ある特徴的な不正確さの下で」というのは，論文の第 1 節で導かれるハイゼンベルクの不確定性関係を指していて，国語辞典の定義の「二つの測定値の不確定さの積はプランク定数に比例する一定値より小さくなり得ないという不確定関係が成り立つ」に呼応する．本稿では，ハイゼンベルクの「不確定性関係」とは，不等式

$$\varepsilon(Q)\varepsilon(P) \geq \frac{h}{4\pi} \tag{5}$$

を意味する．ただし，Q, P は 2 つの正準共役な物理量を表わし，$\varepsilon(Q), \varepsilon(P)$ は，Q, P の同時測定におけるそれぞれの平均誤差を表わす．本稿では，簡単のため，

＊1　『大辞林 第三版』及び『スーパー大辞林』(三省堂)による．インターネット検索サイト『コトバンク』〈https://kotobank.jp〉に収録．Mac OS X 及び iOS にも内蔵されている．

「正準共役な物理量」とは交換関係(2)を満たす物理量 Q, P のことであると定義する．時間とエネルギーの組を交換関係(2)を満たす量子物理量として扱うことに困難があるため，時間とエネルギーの組はこの定義から除外される．国語辞典の定義に現れる「プランク定数に比例する一定値」とは，式(5)の $\dfrac{h}{4\pi}$ を意味する．また，測定の平均誤差は，ガウス [9，邦訳 11 頁] によって導入された意味で用いる．つまり，本来測定すべき変量と実際に測定された変量の差を誤差変量とし，誤差変量の 2 乗の期待値の平方根を「平均誤差」と呼ぶ．

4. ガンマ線顕微鏡の思考実験

論文 [1] の本文第 1 節では，有名なガンマ線顕微鏡の思考実験について述べられ，そこで不確定性関係が導かれている．ハイゼンベルクは，与えられた座標系に関する「電子の位置」という概念を吟味して，光を照射して顕微鏡で見るという位置測定の精度は，その光の波長で定まり，原理的には，ガンマ線のようにいくらでも波長の短い光を利用できるので，量子力学にあっても明確に定義された物理量と考えられると述べた後で，しかし，その測定に重大な事情が付随していると指摘する．それは，光の照射に伴う「コンプトン効果」であって，測定するための光子が測定対象の電子に当たって，その位置が決定される瞬間に測定対象の運動量が変化を被る．この変化は使われる光の波長が短く，位置測定の精度が高いほど大きく，位置が決定される時刻の運動量は，この不連続な変化に対応した精度でしか知ることができない．ハイゼンベルクは，

> したがって，位置が精確に決定されればされるほど，それに応じて不精確にしか運動量はわからない，またその逆も成り立つ．

と結論し，引き続いて，このような定性的な結論を裏付ける定量的な関係を導いている [1，p. 175]．

> q_1 を値 q が知られる精度(q_1 はいわば q の平均誤差)，つまりこの場合は光の波長とし，p_1 を値 p が決定されうる精度，この場合にはコンプトン効果における p の不連続的な変化とすると，コンプトン効果の基本的な公式によって，p_1 と q_1 とは
> $$p_1 q_1 \sim h \tag{6}$$
> の関係にある．

引用文中の式(6)は，ハイゼンベルクの不確定性関係(5)の原型となるものである．ここでは，2 つの正準共役な物理量として，ある電子の位置 Q と運動量 P がとりあげられ，顕微鏡による位置 Q の測定の平均誤差を $\varepsilon(Q)$，その測定が行なわれる瞬間の運動量 P に関する測定の平均誤差を $\varepsilon(P)$ とすると，

$$\varepsilon(Q)\varepsilon(P) \sim h \tag{7}$$

となることが思考実験から導かれている．

この関係は，同時測定の誤差の限界を不等式で表わした式(5)より曖昧である．ハイゼンベルクの論文の後に発表されたケナードの論文 [10] により，右辺の正確な値が決定され，式(5)の形が導かれた．それについては，後述する．

さて，「ハイゼンベルクの不確定性関係(5)は，ガンマ線顕微鏡の思考実験という1つの思考実験だけから導かれたもので元来，普遍的な関係を意図して導かれたものではない」と言われることがある．しかし，原論文[1]を仔細に検討すると，それは俗説に過ぎないと考えられる．つまり，ハイゼンベルクは，式(6)を導いた次の行で，次のように宣言しているのである[1，p. 175]．

> この関係(6)が交換関係 $pq-qp=\dfrac{h}{2\pi i}$ の直接的な数学的帰結であることは，後に示されるであろう．

実際，論文の後の部分で，位置と運動量の一般の同時測定において式(7)が成立することの論証が試みられている．この論証については，本稿の後の部分で詳しく検討する．

5. フォン・ノイマンの公理系

ハイゼンベルクが発見した行列力学と後にシュレーディンガーが発見した波動力学を総合した定式化として，ディラックは変換理論を提案した[7]．変換理論では，系の可能な状態は，無限次元ベクトル $|u\rangle$ で表わされ，ケットベクトルと呼ばれる．また，その共役転置が $\langle u|$ で表わされる．つまり，$\langle u|=|u\rangle^{\dagger}$ が成立する．ただし，† は行列や線形写像の共役転置を表わす．ケットベクトル $|u\rangle$ と $|v\rangle$ の内積が，発散する場合も含めて，$(|u\rangle,|v\rangle)=\langle u|v\rangle$ と定義される．

ディラックの変換理論では，長さが無限大のベクトルに対応する状態を想定する必要がある．しかし，そのような状態に対しては，物理量の確率分布や期待値を一般的に定義することができないという困難がある．フォン・ノイマンは，長さが有限のベクトルだけが状態を表わすとし，物理量がそのようなベクトルの線形作用素で表現されるとした場合，任意の状態において物理量の確率分布が定義できるための条件を明らかにして，「任意の量子系 $\mathbf{S}$ に対して，状態ベクトルからなるヒルベルト空間(状態空間) $\mathcal{H}_{\mathrm{S}}$ が対応し，系 $\mathbf{S}$ の物理量は $\mathcal{H}_{\mathrm{S}}$ で稠密に定義された自己共役作用素 A が対応する」という量子力学の一般的定式化を得た[11]．この定式化のもとで，任意の物理量(自己共役作用素) A に対して，そのスペクトル測度と呼ばれる，ボレル集合 $\varDelta$ に対する射影作用素の族 $\{E^{A}(\varDelta)\}$ が一意に定まり，任意の(正規化された)状態 $|\phi\rangle\in\mathcal{H}_{\mathrm{S}}$ に対して，物理量 A の確率分布が

$$P^{A}_{|\phi\rangle}(\varDelta)=\langle\phi|E^{A}(\varDelta)|\phi\rangle \tag{8}$$

で与えられる．式(8)をボルンの統計公式と呼ぶ．また，任意のボレル関数 f に対して，物理量 $f(A)$ が

$$f(A)=\int_{\mathbf{R}}f(\lambda)\,dE^{A}(\lambda) \tag{9}$$

によって定まる．一般に，状態 $|\phi\rangle\in\mathrm{dom}(f(A))$ における物理量 $f(A)$ の期待値は，

$$\langle f(A)\rangle=\langle\phi|f(A)|\phi\rangle \tag{10}$$

で与えられる．また，物理量 A の標準偏差 $\sigma(A)$ は A のゆらぎとも呼ばれ，状態 $|\phi\rangle\in\mathrm{dom}(A)$ に対して，

$$\sigma(A)^2 = \langle (A - \langle A \rangle)^2 \rangle = \| A|\psi\rangle - \langle A \rangle |\psi\rangle \|^2 \tag{11}$$

が成り立つ．フォン・ノイマンの量子力学の数学的基礎付けについては拙稿[12]を参照されたい．

6. 1次元質点

1次元運動をする質点$\mathbf{S}$について，状態空間$\mathcal{H}_{\mathrm{S}}$を数直線$\mathbf{R}$上の2乗ルベーグ可積分関数の空間$L^2(\mathbf{R})$と同一視することができる．すると，$L^2(\mathbf{R})$の部分空間であるシュワルツの急減少関数の空間$\mathcal{S}(\mathbf{R})$とその双対空間であるシュワルツの緩増加超関数の空間$\mathcal{S}'(\mathbf{R})$に対して成立するゲルファントの3つ組と呼ばれる埋め込み

$$\mathcal{S}(\mathbf{R}) \subseteq L^2(\mathbf{R}) \cong \mathcal{H}_{\mathrm{S}} \subseteq \mathcal{S}'(\mathbf{R})$$

を利用することができる．この埋め込みによって，ベクトル$|\psi\rangle \in \mathcal{S}(\mathbf{R})$は，$\mathbf{R}$上の急減少関数$q \longmapsto \psi(q)$に対応する．そこで，$\mathcal{S}(\mathbf{R})$上の作用素$Q, P$を

$$Q\psi(q) = q\psi(q), \qquad P\psi(q) = \frac{h}{2\pi i}\frac{d}{dq}\psi(q) \tag{12}$$

によって定義する．積の微分公式$(q\psi(q))' = q\psi(q)' + \psi(q)$より，

$$(PQ - QP)\psi(q) = \frac{h}{2\pi i}(q\psi(q))' - \frac{h}{2\pi i}q\psi(q)' = \frac{h}{2\pi i}\psi(q)$$

が得られるので，交換関係(2)が成り立つ．これを交換関係(2)のシュレーディンガー表現と呼ぶ．各$q \in \mathbf{R}$は，$\mathcal{S}'(\mathbf{R})$に属する線形汎関数

$$|\psi\rangle \in \mathcal{S}(\mathbf{R}) \longmapsto \langle q|\psi\rangle = \psi(q) \in \mathbf{C} \tag{13}$$

を定義する．よって，式(12)より，各$q \in \mathbf{R}$に対して$|q\rangle \in \mathcal{S}'(\mathbf{R})$が存在して，

$$\langle q|Q|\psi\rangle = q\langle q|\psi\rangle \tag{14}$$

が成り立つ．$\mathbf{R}$上の関数$\psi(q) = \langle q|\psi\rangle$をベクトル$|\psi\rangle$の$Q$-表示波動関数，または，単に波動関数と呼ぶ．同様に，各$p \in \mathbf{R}$は，$\mathcal{S}'(\mathbf{R})$に属する線形汎関数

$$|\psi\rangle \in \mathcal{S}(\mathbf{R}) \longmapsto \langle p|\psi\rangle = \int_{\mathbf{R}} e^{-2\pi ipq/h}\psi(q)\,dq \in \mathbf{C} \tag{15}$$

を定義する．式(12)より，各$p \in \mathbf{R}$に対して$|p\rangle \in \mathcal{S}'(\mathbf{R})$が存在して，

$$\langle p|P|\psi\rangle = p\langle p|\psi\rangle \tag{16}$$

が成り立つ．$\mathbf{R}$上の関数$\tilde{\psi}(p) = \langle p|\psi\rangle$をベクトル$|\psi\rangle$の$P$-表示波動関数と呼ぶ．式(15)から，これは$|\psi\rangle$の$Q$-表示波動関数のフーリエ変換である．式(12)より，ベクトル$|\psi\rangle \in \mathcal{S}(\mathbf{R})$に対して，

$$\langle q|Q|\psi\rangle = q\langle q|\psi\rangle, \qquad \langle q|P|\psi\rangle = \frac{h}{2\pi i}\frac{d}{dq}\langle q|\psi\rangle \tag{17}$$

が成り立つ．

式(12)によって$\mathcal{S}(\mathbf{R})$上の作用素Q, Pが定義されたが，$\mathcal{S}(\mathbf{R})$は$L^2(\mathbf{R})$で稠密なので，共役作用素$Q^\dagger, P^\dagger$が存在する．すると，$Q \subseteq Q^\dagger = Q^{\dagger\dagger}$，$P \subseteq P^\dagger = P^{\dagger\dagger}$が成り立ち，それらは自己共役である．以下，$Q^\dagger, P^\dagger$を$Q, P$と同一視して，位置作用素，運動量作用素と呼び，$\mathbf{S}$の位置と運動量を定める．したがって，$Q, P$のスペクトル測度$E^Q, E^P$が存在して，任意の状態$|\psi\rangle \in L^2(\mathbf{R})$における位置$Q$と運動量$P$の確率分布が式(8)によって定まり，

$$dP^Q_{|\psi\rangle}(q) = |\psi(q)|^2 dq, \qquad dP^P_{|\psi\rangle}(p) = |\tilde{\psi}(p)|^2 dq \tag{18}$$

が成り立つ．

7. 反復可能性仮説

フォン・ノイマンの定式化によれば，状態 $|\phi\rangle \in \mathcal{H}_S$ において物理量 A を測定すると，測定値の確率分布が式(8)で与えられる．それでは，物理量 A を測定した直後の状態は，どのような状態であろうか．フォン・ノイマンは，この問題に答えるために次の仮説を採用した [11，邦訳 268 頁]．

(R) 反復可能性仮説． 1 つの系 **S** の物理量 A を 2 回すぐ続けて正確に測定すれば，2 回とも同じ測定値が得られる．

この仮説は，コンプトンとサイモンによる実験結果から抽象され，操作的な意味が明らかな形で定式化されている．フォン・ノイマンは，この仮説がより数学的な表現である次の仮説と同等であることを示している [11，邦訳 172–174 頁]．

(C) 波束の収縮仮説． 物理量 A を正確に測定して，測定値が a ならば，測定直後の状態は，測定値 a に属する A の固有状態である．

(C)により，A の固有値に縮退がないならば，A の測定後の状態を一意に決めることができる．量子力学では，測定によって系の状態が固有状態に変化することを「波束の収縮」と呼んでいる．量子力学の草創期には，反復可能性仮説が広く受け入れられ，物理量の正しい測定には，必ず，波束の収縮が伴うと考えられていた．ところで，反復可能性仮説は誤差のない測定に対する定性的表現であるが，誤差をもつ測定に対しては，次のように定量的に一般化される．

(AR) 近似的反復可能性仮説． 平均誤差 $\varepsilon(A)$ で物理量 A を測定し，引き続いて物理量 A の正確な測定を行うと，平均誤差 $\varepsilon(A)$ 以下で最初の測定値が再現される．

近似的反復可能性仮説の下で，測定後の状態を特徴付けるために，次の定義を導入しよう．実数 λ に対して，

$$\|A|\phi\rangle - \lambda|\phi\rangle\| \le \varepsilon \tag{19}$$

を満たすとき，状態 $|\phi\rangle$ は，実数 λ に属する物理量 A の ε-近似的固有状態と呼ばれる*2．平均誤差 $\varepsilon(A)$ で物理量 A を測定し，測定値 a を得るとき，測定後の状態を $|\phi\rangle$ とする．この状態で，物理量 A を正確に測定すると，測定値の確率分布は，$dP^A_{|\phi\rangle}(x) = \langle\phi|dE^A(x)\phi|\rangle$ で与えられるから，測定値 x が平均誤差 $\delta(A,a,\phi)$ で最初の測定値 a を再現するならば，

$$\delta(A,a,\phi)^2 = \int_{\mathbf{R}} (x-a)^2 \, dP^A_{|\phi\rangle}(x) = \|A|\phi\rangle - a|\phi\rangle\|^2$$

が成り立つ．したがって，近似的反復可能性仮説は次の仮説と同等である．

＊2　本稿では，簡単のため，密度作用素に対応する混合状態に言及していないが，より一般的には，密度作用素 ρ は，$\|A\sqrt{\rho} - \lambda\sqrt{\rho}\|_{HS} \le \varepsilon$ を満たすとき，実数 λ に属する物理量 A の ε-近似的固有状態と呼ばれる．ただし，$\|\cdots\|_{HS}$ はヒルベルト-シュミット・ノルムを表わす．

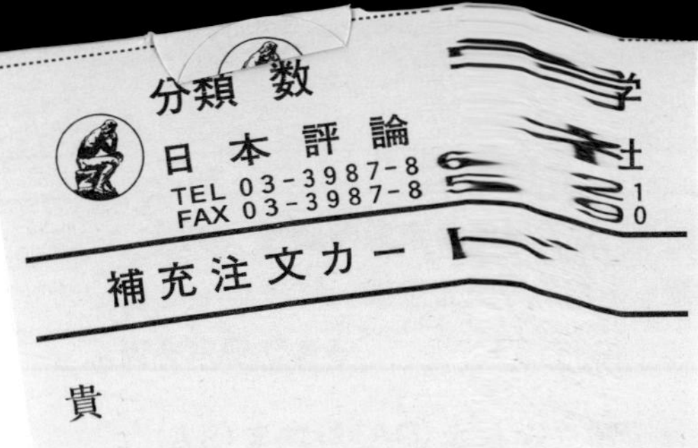
分類 数学
日本評論社
TEL 03-3987-8621
FAX 03-3987-8590
補充注文カード

誤差 $\varepsilon(A)$ で物理量 A を測定して，測定

定値 a に属する物理量 A の $\varepsilon(A)$-近似的

定に適用すれば，$\varepsilon(A)=0$ から $A|\psi\rangle=$

AR) または (AC) は (R) および (C) を含む

A の測定誤差と測定後の A のゆらぎにつ

差 $\varepsilon(A)$ で物理量 A を測定すると，測定

(20)

$\psi\rangle\|^2+(\lambda-\langle A\rangle)^2\geq\sigma(A)^2$

かれる． □

性関係の演繹的導出

頁］は反復可能性仮説にもとづいて，非可 … 不可能性を次のように導いている．ただし … 固有値を持つとする．物理量 A と B が同時 … 測定直後の状態 $|\psi\rangle$ は A の固有状態であるゝ … たがって，A の任意の固有状態は，B の固有 … 状態からなる正規直交系が存在するので，… かれる．近似的反復可能性仮説にもとづく不 … ン・ノイマンの議論を定量的に一般化して，同時測定直後の状態が近似的固有状態であることが利用される．

実際，ハイゼンベルクによる式(7)の証明は，次のように読むことができる．ハイゼンベルクは，「平均誤差 q_1 で電子の位置 Q を測定して測定値 q' を得，同時に電子の運動量 P を測定して測定値 p' を得た」という状況を考察して，そのような状況は，位置の分布の広がりが q_1 程度で与えられる波動関数

$$\langle q|\psi\rangle=\frac{1}{(\pi q_1^2)^{1/4}}\exp\left[-\frac{(q-q')^2}{2q_1^2}-\frac{i}{\hbar}p'(q-q')\right] \tag{21}$$

で表現されると述べる［1，p. 180］．次に，波動関数(21)をフーリエ変換して，

$$\langle p|\psi\rangle=\frac{1}{(\pi p_1^2)^{1/4}}\exp\left[-\frac{(p-p')^2}{2p_1^2}+\frac{i}{\hbar}q'(p-p')\right] \tag{22}$$

を得，この状態において，運動量の分布の広がりが p_1 程度であることから，位置に関する平均誤差と分布の広がりの関係と同様に，同時に行なわれた運動量の測定の平均誤差を p_1 と見積もる．そこで，フーリエ変換の性質から，ハイゼンベルクは

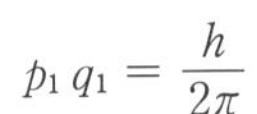

という関係を数学的に導いて，「位置 Q を測

P を測定して測定値 p' を得るという実験事

する精度制限式(23)の下でのみ可能である」

ハイゼンベルクによる式(7)の証明は，ケ

た．ケナードは，式(21)及び式(22)における

らぎ $\sigma(Q), \sigma(P)$ と $q_1 = \sqrt{2}\sigma(Q)$ 及び $p_1 = \sqrt{2}$

し，ハイゼンベルクが導いた関係(23)は，波

$$\sigma(Q)\sigma(P) = \frac{h}{4\pi}$$

が成り立つことであると解釈し，この関係を任

態 $|\psi\rangle \in \mathcal{S}(\mathbf{R})$ に対して，

$$\sigma(Q)\sigma(P) \geq \frac{h}{4\pi}$$

が成り立つことを証明した [10]．この関係式を

ードの不等式の証明には，$\langle p|\psi\rangle$ が $\langle q|\psi\rangle$ のフー

たが，この事実は交換関係(2)から導かれるので，

を導く証明が望まれた．ほどなく，ワイル [13]

ルツの不等式を用いた簡明な証明が見出された．

ケナードの不等式のワイルによる証明． $P_0 = P - \langle P\rangle, Q_0 = Q - \langle Q\rangle$ とおく．シュヴァルツの不等式から，

$$\|P_0|\psi\rangle\| \, \|Q_0|\psi\rangle\| \geq |\langle\psi|P_0Q_0|\psi\rangle|$$

が成り立つ．また，$P_0Q_0 - Q_0P_0 = PQ - QP = \dfrac{h}{2\pi i}$ より

$$|\langle\psi|P_0Q_0|\psi\rangle| \geq |\Im\langle\psi|P_0Q_0|\psi\rangle| = \frac{1}{2}|\langle\psi|PQ-QP|\psi\rangle| = \frac{h}{4\pi}$$

が成り立つ．よって，式(11)から式(25)が得られる． □

ハイゼンベルク [1] は，位置 Q と運動量 P の値を共に平均誤差 q_1, p_1 で測定した直後の系は，波動関数(21)を持つ状態にあると仮定したが，ケナード [10] は，このパラメータをゆらぎ(標準偏差)と結びつけることによって，測定と独立なゆらぎの関係式に一般化した．

さて，ハイゼンベルクの議論と平行的にケナードの不等式を位置 Q と運動量 P の値を共に平均誤差 $\varepsilon(Q), \varepsilon(P)$ で測定した直後の状態 $|\psi\rangle$ に適用すれば，不確定性関係(5)が導かれる．この場合，状態 $|\psi\rangle$ が具体的に波動関数(21)を持つことを仮定する必要はない．つまり，近似的反復可能性仮説から導かれる式(20)より状態 $|\psi\rangle$ において

$$\sigma(Q) \leq \varepsilon(Q), \qquad \sigma(P) \leq \varepsilon(P) \tag{26}$$

が成り立つので，ケナードの不等式(25)から，

$$\varepsilon(Q)\varepsilon(P) \geq \sigma(Q)\sigma(P) \geq \frac{h}{4\pi} \tag{27}$$

となって，ハイゼンベルクの不確定性関係(5)が導かれる．

ハイゼンベルクの原論文 [1] では，ケナードの不等式(25)がまだ知られていなかったため，測定直後の状態がガウス型波動関数(21)をもつと仮定して，その状態に対する標準偏差の関係式(23)を導くことによって，式(7)を得ている．したがって，ケナードの不等式(25)は，ハイゼンベルクの議論から「測定後の状態がガウス型波動関数(21)をもつ」という一般に正当化されない仮定を取り除き，さらに，式(7)では曖昧であった右辺の下限を正確に導いた．その意味で，ケナード [10] はハイゼンベルクの不確定性関係(5)の近似的反復可能性仮説の下での数学的証明に大きく貢献したと言えるであろう．

このように，ハイゼンベルクは 1927 年の論文において，不確定性関係(5)をガンマ線顕微鏡の思考実験によって導いただけでなく，その演繹的導出を行っている．ただし，当時の量子力学の要請として，暗黙のうちに近似的反復可能性仮説を仮定したと考えるのは妥当なことである．ハイゼンベルクによる不確定性関係の導出に関するより詳しい分析については，拙稿 [14] を参照されたい．

9. 新しい不確定性原理と実験的検証

これまで，ハイゼンベルクの不確定性関係が，近似的反復可能性仮説の下で証明されたことを見てきたが，この仮説は，ある限られた測定における状態変化について述べたものであり，普遍妥当性が欠けている．デイヴィスとルイス [5] は，反復可能性仮説の破棄を提案して，物理的に実現可能な任意の測定による状態変化を扱う極めて広い数学的枠組みとして，インストルメントの概念を導入した．

1986 年に日本で行なわれた量子力学の基礎に関する国際会議(ISQM-Tokyo '86)において，ユエン [15] は，物理的に実現可能なすべての測定を数学的に特徴付けよという問題を提案した．その際，デイヴィスとルイスの提案に言及して，すべてのインストルメントが物理的に実現可能な測定を表わしているとは考えられないと述べている．ところが，それより 2 年前に発表された拙著 [6] において，デイヴィスとルイスの定式化に完全正値性の要請を追加して，完全正値インストルメントの概念を導入し，物理的に実現可能なすべての測定は完全正値インストルメントによって数学的に特徴付けられることを証明した．完全正値インストルメントに基づく量子測定理論の解説については，拙稿 [16] を参照されたい．

2003 年に筆者は，反復可能性仮説を破棄した完全に一般的な量子測定理論に基づいて，位置と運動量の同時測定の誤差に関するハイゼンベルクの不確定性関係に替わる次の新しい不等式を提案し，物理的に実現可能な任意の測定装置について普遍的に成立することを理論的に証明した [3, 17].

$$\varepsilon(Q)\varepsilon(P)+\varepsilon(Q)\sigma(P)+\sigma(Q)\varepsilon(P) \geq \frac{h}{4\pi}. \tag{28}$$

ここで，$\sigma(Q), \sigma(P)$ は，それぞれ測定直前の状態における標準偏差を表わす．

この定量的表現では，標準偏差 $\sigma(Q)$ または $\sigma(P)$ が無限大ならば，測定誤差 $\varepsilon(Q), \varepsilon(P)$ を共に無限小にできるので，位置と運動量がいくらでも正確に同時測定可能な例外的な状態があることが許容されている．そのような状態が実際に存在することは，実は，以前から指摘されてきたことである．アインシュタイン，ポドルスキー，ローゼンによって発見された EPR のパラドックスに関連して，シュレーディンガーは，2粒子系のいわゆるEPR状態において，粒子1の位置と粒子2の運動量を同時に測ることによって，粒子1の位置と運動量の同時測定が可能であるということを指摘したのである[18]．式(28)では，このような例外的な場合についても，両者の誤差の定量的関係が正しく表現されている．式(28)から明らかなように，不確定性原理の定性的表現としては，「位置と運動量を共にいくらでも正確に同時測定をすることは，不可能である」という主張の前に「位置と運動量のゆらぎがともに有限な状態においては」という但し書きが必要である．

ハイゼンベルクの不確定性関係(5)が打破される可能性は，測定の数学的モデルで示されることを述べたが，実際に実験で直接的に検証することができるのであろうか？　残念ながら，そのような実験はまだ行なわれていないが，そのための一歩が踏み出されているので，それについて解説しよう．

そのために，ケナードの不等式(25)を一般化したロバートソンの不等式を紹介しよう．前述したように，数学者のワイルは，線形代数でよく知られたシュヴァルツの不等式を用いるとケナードの不等式が簡単に証明できることを自身の著書で解説した[13]．その本の翻訳を担当した物理学者のロバートソンは，シュヴァルツの不等式を用いることにより，任意の物理量A, Bに対して，不等式

$$\sigma(A)\sigma(B) \geq \frac{1}{2}|\langle[A, B]\rangle| \tag{29}$$

が成り立つことを示した[19]．ここで，$[A, B]$は交換子$AB-BA$を表わし，σおよび$\langle\cdots\rangle$は，所与の状態におけるゆらぎと期待値を表わす．これは，ロバートソンの不等式と呼ばれている．$A=Q$かつ$B=P$の場合は，交換関係(2)から右辺の値が$\dfrac{h}{4\pi}$となり，ケナードの不等式(25)に帰着する．

同様に，式(28)も，任意の物理量A, Bの同時測定の誤差$\varepsilon(A), \varepsilon(B)$に関する不等式

$$\varepsilon(A)\varepsilon(B)+\varepsilon(A)\sigma(B)+\sigma(A)\varepsilon(B) \geq \frac{1}{2}|\langle[A, B]\rangle| \tag{30}$$

に一般化される[3, 17]．$A=Q$かつ$B=P$の場合に式(28)に帰着することは明らかであろう．この不等式は，「小澤の不等式」と呼ばれることがある．これは，最初の項だけからなる「ハイゼンベルク型不等式」

$$\varepsilon(A)\varepsilon(B) \geq \frac{1}{2}|\langle[A, B]\rangle| \tag{31}$$

に対して，第2，第3の項を追加した形になっていて，右辺$\neq 0$であっても，$\varepsilon(A)\varepsilon(B)=0$が許容される．

「同時測定」という言葉は，もちろん，2つの物理量A, Bを「同時に」測定することを含んでいるが，必ずしも，そのことだけを意味しているわけではなく，むしろ，「同時刻」のA, Bの値をそれぞれ測定することを意味している．例えば，時刻$t=0$における物理量A, Bの同時測定には，時刻$t=0$において，物理量Aを測定し，すぐ引き続いて物理量Bを測定するというケースも含まれている．この場合，物理量Bを誤差のない測定装置で測定したとしても，時刻$t=0$における物理量Bの測定には誤差が現れる．それは，物理量Aの測定の過程で物理量Bが乱されるからであり，この場合の誤差を特に擾乱と呼んで$\eta(B)=\varepsilon(B)$と表わす．例えば，ガンマ線顕微鏡の思考実験で，電子の位置Qと運動量Pの

同時測定を考える場合は，位置の誤差 $\varepsilon(Q)$ は，顕微鏡の分解能に対応し，運動量 P の誤差 $\varepsilon(P)$ は，位置の測定に伴う運動量の擾乱 $\eta(P)=\varepsilon(P)$ を意味する．以上から，物理量 A の測定誤差 $\varepsilon(A)$ とそれに伴う物理量 B の擾乱 $\eta(B)$ の間には，常に

$$\varepsilon(A)\eta(B)+\varepsilon(A)\sigma(B)+\sigma(A)\eta(B) \geq \frac{1}{2}|\langle[A, B]\rangle| \tag{32}$$

という関係が成り立つ．

この関係の簡単な場合として，A, B がスピン $\frac{1}{2}$ の粒子のスピンの x 成分 S_x と y 成分 S_y の場合を考えよう．スピン $\frac{1}{2}$ の粒子のスピンの 3 成分 S_x, S_y, S_z は，それぞれ，$\pm\frac{h}{4\pi}$ という 2 つの異なる値を持つ物理量である．右辺の値がもっとも大きくなるように，測定直前の状態が S_z の値 $+\frac{h}{4\pi}$ に属する固有状態の場合を考えると，式(30)は

$$\varepsilon(S_x)\eta(S_y)+\varepsilon(S_x)\sigma(S_y)+\sigma(S_x)\eta(S_y) \geq \left(\frac{h}{4\pi}\right)^2 \tag{33}$$

という形になる．一方，誤差と擾乱が反比例関係にあるハイゼンベルク型不等式は，この場合には，

$$\varepsilon(S_x)\eta(S_y) \geq \left(\frac{h}{4\pi}\right)^2 \tag{34}$$

という形になる．

そこで，任意のパラメータ $\varphi \in [0, \frac{\pi}{2}]$ に対して，$\cos\varphi S_x+\sin\varphi S_y$ という物理量の反復可能測定を行う装置を考えると，測定直後の状態は，物理量 $\cos\varphi S_x+\sin\varphi S_y$ の固有状態であり，この装置の誤差と擾乱は，

$$\varepsilon(S_x) = \frac{h}{2\pi}\sin\frac{\varphi}{2}, \tag{35}$$

$$\eta(S_y) = \frac{\sqrt{2}h}{4\pi}\left(1-2\sin^2\frac{\varphi}{2}\right) \tag{36}$$

となることが理論的に導かれる．これから，ハイゼンベルク型不等式の左辺を計算すると

$$0 \leq \varepsilon(S_x)\eta(S_y) \leq \frac{4}{3\sqrt{3}}\left(\frac{h}{4\pi}\right)^2 < \left(\frac{h}{4\pi}\right)^2 \tag{37}$$

となって，ハイゼンベルク型不等式(34)が常に不成立であることがわかる．そこで，実験によって $\varepsilon(S_x), \eta(S_y)$ を実際に計測することができれば，ハイゼンベルク型不等式(34)が実際に反証されたことになる．

このような理論的準備の後，ウィーン工科大学長谷川祐司准教授の率いるグループで，実験用原子炉から取り出した中性子のスピン測定によって小澤の不等式(33)とハイゼンベルク型不等式(34)の対照実験を実施し，2012 年 1 月に論文発表の運びとなった [4]．これによって，ハイゼンベルク型不等式(31)の破れを世界で初めて実験で観測することに成功し，なおかつ，小澤の不等式(30)の成立を観測した．

●参考文献……………………

［1］ W. Heisenberg, Über den anschaulichen Inhalt der quantentheoretischen Kinematik und Mechanik, Z. Phys. **43**, 172–198 (1927),［W. ハイゼンベルク(著)，河辺六男(訳)「量子論的な運動学および力学の直観的内容について」，湯川秀樹，井上健(共編)『世

界の名著 66』(中央公論社，1970), pp. 325-355.］.

［2］ M. Ozawa, Measurement breaking the standard quantum limit for free-mass position, Phys. Rev. Lett. **60**, 385-388(1988).

［3］ M. Ozawa, Universally valid reformulation of the Heisenberg uncertainty principle on noise and disturbance in measurement, Phys. Rev. A **67**, 042105(2003).

［4］ J. Erhart, S. Sponar, G. Sulyok, G. Badurek, M. Ozawa, and Y. Hasegawa, Experimental demonstration of a universally valid error-disturbance uncertainty relation in spin measurements, Nature Phys. **8**, 185-189(2012).

［5］ E.B. Davies and J.T. Lewis, An operational approach to quantum probability, Commun. Math. Phys. **17**, 239-260(1970).

［6］ M. Ozawa, Quantum measuring processes of continuous observables, J. Math. Phys. **25**, 79-87(1984).

［7］ P.A.M. Dirac, The Principles of Quantum Mechanics, Oxford UP, Oxford, 4th edition (1958). ［P.A.M. ディラック(著)，朝永振一郎，玉木英彦他(共訳)『量子力学　原書第4版』(岩波書店，1968)］

［8］ 小澤正直，不確定性原理の発見，数理科学 **50-9**，23-29(2012).

［9］ C.F. Gauss, Theoria Combinationis Observationum Erroribus Minimis Obnoxiae, Pars Prior, Societati Regiae Scientiarum Exhibita, Göttingen(1821) ［C.F. ガウス(著)，飛田武幸，石川耕春(共訳)『誤差論』(紀伊國屋書店，1981), pp. 7-30］.

［10］ E.H. Kennard, Zur Quantenmechanik einfacher Bewegungstypen, Z. Phys. **44**, 26-352 (1927).

［11］ J. von Neumann, Mathematische Grundlagen der Quantenmechanik, Springer, Berlin (1932) ［J. フォン・ノイマン(著)，広重徹，井上健，恒藤敏彦(共訳)『量子力学の数学的基礎』(みすず書房，1957)］.

［12］ 小澤正直，フォン・ノイマンと量子力学の数学的基礎，現代思想 **41-10**, 16-21(2013).

［13］ H. Weyl, Gruppentheorie und Quantenmechanik, Hirzel, Leipzig(1928) ［H. ワイル(著)，山内恭彦(訳)『群論と量子力学』(裳華房，1933)］.

［14］ 小澤正直，ハイゼンベルクが考えた不確定性関係，数理科学 **54-5**, 15-22(2016).

［15］ H.P. Yuen, Characterization and realization of general quantum measurements, in M. Namiki *et al.* (eds.), Proc. 2nd Int. Symp. Foundations of Quantum Mechanics, Phys. Soc. Japan, Tokyo, 360-363(1987).

［16］ 小澤正直，量子情報の数学的基礎，数学 **61**, 113-132(2009).

［17］ M. Ozawa, Uncertainty principle for quantum instruments and computing, Int. J. Quant. Inf. **1**, 569-588(2003).

［18］ E. Schrödinger, Die gegenwärtige Situation in der Quantenmechanik, Naturwissenshaften **23**, 807-812, 823-828, 844-849(1935), ［E. シュレーディンガー(著)，井上健(訳)「量子力学の現状」，湯川秀樹，井上健(共編)『世界の名著 66』(中央公論社，1970), pp. 357-408］.

［19］ H. P. Robertson, The uncertainty principle, Phys. Rev. **34**, 163-164(1929).

(おざわ・まさなお／名古屋大学大学院情報科学研究科)

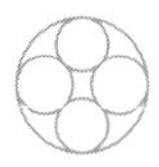

●東西珠算事情——第1回

アメリカの珠算教育

鈴木功二

●はじめに

終戦の翌年1946年11月12日にアーニーパイル・シアター(現在の東京宝塚劇場)を会場に「日米対抗計算競技」が開催され，アメリカは計算機のエキスパートMr. Wood対日本は貯金局勤務の松崎氏が算盤を使用しての対抗試合で，タイトルは「指と機械の一騎打ち」と紹介されました．結果はそろばんが勝ち，戦後の暗いムードの日本に明るい話題を投げかけました．

●珠算塾入塾から渡米まで

昭和24年(1949年)，中学入学を目前に控えた6年生の2月2日，私は栃木県宇都宮市の「山田速算研究塾」へ入塾．練習に励みました．

塾長の山田銈吾先生はかつて東京で珠算教場を経営し，実弟を日本一にさせただけに，指導法も独特でしたが，全国の有名な先生方や大会で優勝した生徒たちの情報に詳しく，私の1年先輩の木村勤氏は当時の1級(掛け算は6桁×5桁)を全科目暗算で合格しました．のちに私が大学生のときに，日本珠算連盟主催の「国民珠算大会」で木村勤氏が「暗算日本一」，私が「読み上げ算日本一」になり，また私が大学院時代には全国珠算教育連盟主催「全日本珠算選手権大会」でも私は「読み上げ算競技」で日本一になりました．

そのころから，将来チャンスがあったら海外，できればアメリカで「そろばん指導」をしたいとの希望を抱いていました．1964年の東京オリンピックの折には，アメリカから来た陸上選手のグループに，英語でそろばんを指導する機会がありました．

大学2年の頃より東京の洋書専門店を訪問しては，上記「日米対抗計算競技」の英語の原文や，アメリカ・英国の算数教科書，速算法，珠算関連の英文書籍などを買い求めて，「英語の珠算関連資料について」を書いて，『月刊珠算界』に2ヵ月にわたって掲載されたこともありました．

大学および大学院時代
「国民珠算競技大会」および
「全日本珠算選手権大会」で
読み上げ算競技日本一。

これらの経験により，珠算教育普及活動を目的に渡米する決心をし，当時勤務していた高校教諭を退職して，翌1965年4月8日に出発．全国珠算教育連盟東京都支部会員の温かいカンパにより，片道の航空券での出発でした．今は片道航空券では，帰路の航空券を買う現金あるいはクレジットカードを持たない限り入国が許可されず，場合によってはその場で強制送還されます．

先輩の珠算教師からは「功ちゃん，ヤンキーに算盤の良さを叩き込んで来いよ！」などと励まされ，当時の羽田空港の2階，3階の歓送迎デッキが満杯になるほどの見送り人に「バンザイ」で送り出されたのですが，最初の到着地ホノルル空港には誰も迎えなし！

●ハワイを経てロサンゼルスへ

ハワイで一番大きいFarrington High Schoolと，出発前に東京教育大学附属盲学校教師の武田耕一郎先生(目の不自由な方への武田式算盤の考案者)から指導を依頼されていたDiamond Head School(目および耳の不自由な生徒の学校)で，暗記した英語でなんとか教えました．

3日後に目的地のロサンゼルスへ．空港へは幼馴染みでアメリカでは9ヵ月先輩の山崎正雄先生が迎えてくれ，安い学生寮へ落ち着き，とりあえず生活に慣れて，目的の「珠算教育普及活動」をするためにも，大人のための英語学校へ朝・昼・夜の部へ通学しました．

通学するうちに，当時28歳の私からすれば親のような年齢の同じクラスの方から「あなたの渡米目的は理解した．孫が通学している学校へ聞いてみよう」と孫の先生に連絡してくれて，その後は下記のごとく，多くの学校での指導を繰り返しました．ただし，合法的に所得は得ることができず，無料での押しかけ指導です．

ロサンゼルス近郊の小学校にて．

●組織への働きかけ
——教育委員会数学担当責任者への指導

ロサンゼルスのBoard of Education（教育委員会）数学部長Mr. Arthur Flyer氏の部屋で，役員の方々への「珠算学習の教育効果」の話，模範演技，初歩指導．

LACTOMA（ロサンゼルス市数学教師協議会）は当時1500名の算数・数学教師が登録．山崎正雄氏と私とで，そろばん学習の教育効果の説明および初歩指導，暗算などの模範演技をすることにより，教育委員会から指導上問題を抱えている各地の学校を紹介されて，渡された住所だけを頼りに慣れないフリーウェイを高速で運転して，最初の3年間で約100校を超える学校で指導にあたりました．そのために中古車ならぬ新品の自転車より安い大古車を購入し，英語学校，ヴォランティアでの指導，バイトにと飛び回りました．

●米国での合法的永住許可

9ヵ月前に渡米した山崎正雄氏の各種サジェスチョンがなければ，私はアメリカに長期滞在はできず，目的達成はできなかったでしょう．

多くの公立学校，とくにBraille Institute＝点字協会（目の不自由な人たちの学校）では，山崎正雄氏と3年間にわたる無料指導にあたるなどの結果，これらの学校から多くの礼状とともに，継続指導依頼などをいただくこととなりました．

そこで弁護士へ相談したところ，「アメリカ国籍の人たちが君たちの技術を学習したい要望がある」ということで，結果的に4年後に「そろばん指導によるアメリカ永住権許可第一号」を取得しました．のちに出演したNHKテレビ「英語会話Ⅲ」（30分全部英語で話す番組）では，Braille Instituteでの説明が大変英語の勉強になったことを話しました．

●あなたなら次の質問にどう答えますか？

（1） ICME（国際数学教育会議）東京の駒場エミナースにて

1983年10月13日開催．初日は講堂にて，28ヵ国から369名の数学者へ大算盤で説明し，私の暗算や留学帰りの若い算盤のできる方に英語読み上げ算の模範演技をさせ，珠算連合（全国珠算教育連盟，日本珠算連盟，全国珠算学校連盟）の3団体で作成した珠算教育についての英文資料を配付しました．翌日は分科会に分かれて，各部屋での講座が開かれ，私は受講者として当時日本大学で指導していた旦尾廣先生のそろばんの初歩指導の講座を受講しました．

講座の途中で若い方が「質問．そろばんには欠点があります．例えば3プラス4の場合，子どもにおはじきを持たせて3個と4個まぜて数えれば答えが出ます．しかしそろばんは五珠（ゴダマ）があるため理解が困難で，それが欠点です」

多分，大学院学生か小学校教員からの質問でした．旦尾先生は日本語で講義していましたが，こ

毎年2月に開催されるICTM(イリノイ州数学教師会)で6年間SIU(南イリノイ大学)を会場に現職教師への珠算講座を担当しました。受講した先生方の指導する学校で生徒への指導依頼が増えて幼稚園、小、中、高校での指導で年ごとに滞在日数が増えました。

2年目から受講者が増加し、そろばん講座だけ二講座開講されました。

の質問を聴いたアメリカ人から「ただいまの質問を同時通訳で理解しました．私はSIU（南イリノイ大学）で博士課程やこれから教師になる学生の教職課程を担当しています．私の部屋には学生の人数分の算盤があります．そろばんは五珠が欠点とのことですが，日本に五円硬貨があるように，アメリカでもNickel（5セント硬貨）があります．いずれ子どもたちは5の組み合わせを理解しなければなりません．そろばんの五珠は5の組み合わせを理解するすばらしい教具で，欠点よりむしろ長所です」と明確に答えたその方の顔を印象深く目に焼き付けました．

それから数年後，アメリカから日本の算数・数学教育視察団が訪日し，当時の文部省，筑波大学，公文式，そしてそろばん学習の実際を見学したいとの情報を得て，見学だけでなく視察団全員にそろばんを学習させようと，当時国内米軍基地で指導中でしたので準備をしました．団長の顔を見て驚きました．忘れもしない，数年前にICMEでそろばんについて力強い発言をした方が団長だったのです．

新宿の上原正次先生の教場見学と，私が全員への指導．終了後の食事会で団長のJerry P. Becker博士から，毎年2月にSIU（南イリノイ大学）で開催されるICME＝イリノイ州数学教師会の研究集会で珠算講座を担当し，大学院でもそろばん講座をやってほしいと依頼されました．結果的に毎年2月に6年間，訪問指導し，NCTM＝全米数学教師協議会（約15万人の算数・数学教師会）の会長とも珠算学習の教育効果について長時間話す機会がありました．かねてより興味を抱いていたのは，東京で聞いた「私の研究室には学生の人数分の算盤があります」の発言を確かめたかったのですが，翌年2月，研究室を訪れてみると……ありました！

（2） アメリカン・スクール高校の数学教師のクラスにて

小学校，とくに2～3年生の先生方からは，授業終了後，「ミスター・スズキ，感謝します．この1年近くbase-ten（十進），place-value（位取り）を説明してきましたが，今でも13は10を書いてさらに3を書くため，103を13と思う生徒がいます」「今日，ミスター・スズキは大算盤で1の位，10の位を分かりやすく説明し，全員が理解しました」．英語，フランス語，スペイン語，ポルトガル語などは一部，十進法に合致しない読み方で，とくにドイツ語やアラビア語では3桁を100の位，1の位，10の位で読みます．そろばんでは大きいほうから順に数を置くため，子どもたちの数感覚の理解に役立ちます．

ところが今日は高校の数学クラス．私が生徒たちへそろばんを渡そうとしたら，「ミスター・スズキ，そろばんを渡す前に，世界で一番古い計算器具といわれるそろばんを，宇宙へロケットが飛ぶ時代に習う必要があるかどうか，クラスでディスカッションしようではないか！」「もしあなたがそろばんの先生なら，どう答えますか？」

私は……算盤を生徒たちに配るのを止めて，咄嗟に「わかりました．先生，ひとつお願いがあります．適当に4桁の数字を出してください」「そうだな．私は1946年の4月9日の生まれだから4649にしよう」

私は4649と板書し，約4秒ぐらいで68 … 25

と書き始めました．そして生徒や教師に向かって，「今，先生に出していただいた数字を私はsquare root（平方根）として，珠算式暗算で平方根と余りまで計算しました．合っているかどうか確かめてみましょう．高校生の皆さんはすでに平方根はご存じでしょう」．黒板に向き直って68×68＝4624と計算し，それに余りの25を足すと4649になるのを確かめて，

「合っていますね．そろばん学習の結果，身につくこの技術をANZANと言います．頭にSOROBANの珠をイメージして計算する技術です．もちろん長期間の練習が必要です．平方根などは日常生活ではほとんど関係ありませんが，ショッピングでの合計やおつりの確認などには便利です．たとえば$25.19＋$6.73＋$10.58の買い物をした場合，合計42.50です．もしSales Tax（日本の消費税．アメリカでは州により異なる．英国ではVAT＝value added tax＝付加価値税）が8%なら税金は$42.50×0.08＝$3.40，税込み金額は合計で$45.90です．もし50ドル札を渡せば，おつりは$4.10になることまで計算し，おつりが正しいかどうか確認できます」

さらに加えて，「もしキャッシャーが間違っておつりを余分にくれたらどうします？」と聞くと，「もらっておきなさい！」などとジョークが返ってきます．

担当の先生も，平方根を含むこれらの暗算の模範演技でANZANを理解し，「では生徒たちに初歩から教えてください」と和やかな雰囲気になりました．このときばかりはハッタリでなく，相手を納得させた技術があったことを再確認し，恩師の山田鉎吾先生，切磋琢磨した同僚に，改めて感謝しました．

●学者の方々の理解を大きく深めたきっかけ

ハワイでのNCTM（全米教師協議会）での珠算講座でした．全国珠算教育連盟の当時の荒木勲会長からアメリカ支部長の私に連絡があり，岡義了氏，石川幹夫氏を同行してハワイへ．

講座修了後，石川先生とホテル裏庭のプライベート・ビーチで息抜きをしていて，やはり憩っていた女性に今日の経験を話したら，その方はCMC（カリフォルニア州数学教師協議会）がカリフォルニア州の首都サクラメント市で開催する次期研修会の責任者とのこと．そこでの珠算講座の依頼を受けました．

この講座に合わせて，日本から東京の中野敏雄先生，中野亨先生，藤井將男先生，学生など合計約40名，トモエ算盤の藤本勇治社長（故），現社長で留学経験のある藤本トモエ氏，ロサンゼルスから私と石川幹夫氏が同行しました．講座修了後，一人の学者が「私はUSC（南カリフォルニア大学）の教授で教職課程や大学院などで教えているが，そろばん学習の効果を知っていました．今日，ミスター・スズキの指導と日本からの先生方や学生たちの模範演技を見て，大学の講座でもそろばんを導入したい，ついては30丁の算盤を注文したい」とのことで，すぐにお送りしました．

●大学内に「アメリカ珠算研究所」を設立

USCから私の自宅は車で25分くらい．リチャーズ博士とはその後，頻繁に私の自宅を訪れて，大学での珠算導入，珠算指導者の養成，そして公立学校への導入など，熱心に話し合いました．企画を全国珠算教育連盟に連絡し，会議の末，全国珠算教育連盟の後援でUSC内にSOROBAN INSTITUTE（日本名：アメリカ珠算研究所）を設立する準備をし，リチャーズ博士の研究室に私が収集した世界各国の算盤や内外の珠算関係の書籍・文献・記録などを寄付しました．

開所式には日本から荒木会長をはじめ，当時の全国珠算教育連盟厚生部長の岡保先生（故）が，日本から100名ほどの先生方を引率して来られ，盛大に開所式を祝いました．

USC博士課程で研究中の琉球大学の比嘉教授には，流暢な英語で開所式のみならず，その後の運営や研究など大変お世話になりました．

●その後のアメリカ珠算研究所の活動

（A）　NCTM＝全米数学教師協議会その他，全米各地での珠算講座開講．ハーヴァード大学やマサチューセッツ工科大学など世界のトップの学者への講座．

（B）　米国教師訪日珠算研修団の実施．7年間で

USC(南カリフォルニア大学)「アメリカ珠算研究所」が開発した能力別学習テープ教材。例えば4－3＋2が理解できたら9－7＋6さらに51＋26－65の次は5－3＋4などステップ・バイ・ステップテープ教材です。

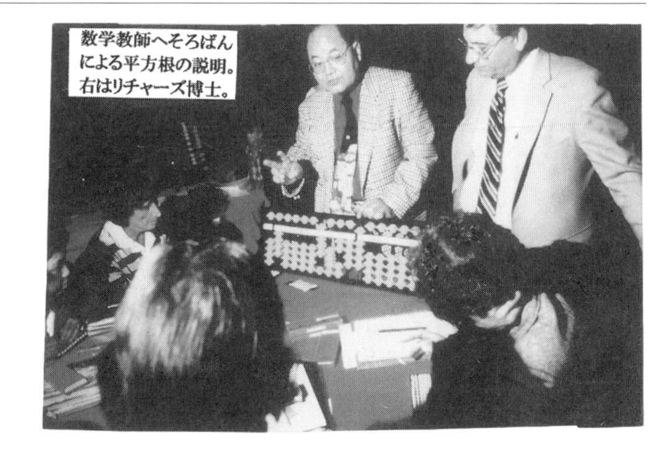

数学教師へそろばんによる平方根の説明。右はリチャーズ博士。

約100名が参加．

(C) カセットテープやイヤホーンで聞き，個人別にステップ・バイ・ステップで学習する教材の開発．

(D) そろばんの珠で数字を表したトランプで，すぐに「珠」を数字として読む．

(E) クラスでの映像による基礎説明とテキストの開発．

(F) 全米珠算大会の開催．

(G) 当時はまだ珍しいコンピュータでの珠算指導ソフトの開発．

(H) リチャーズ博士ご自身および日本への珠算学習旅行に参加した先生方を講師として招聘して，より良い英語で指導する研修会を私の自宅で開催し，現地で珠算教場を経営する先生方や留学生を対象に実行し，毎回14～15名が参加しました．

その他多くの普及活動を企画・実行しましたが，熱心な先生ほど校長，教育委員会や大学などから要職に抜擢されたり，さらに修士号や博士号をめざして研究に戻る方もおられました．残念なことにリチャーズ博士は早世されました．

●数学教員講座や大学での指導で強調する「教育器具そろばん」

私が数学教師への集中講座や大学・大学院講座などで講義する内容．英語で書いた約140ページの内容の一部のタイトルのみを紹介します(順不同)．

AN EDUCATIONAL TOOL SOROBAN

(A) LINCAGE BETWEEN ABSTRACT AND CONCRETE NUMBERS

(B) ACTIVE ATTITUDE TOWARD STUDY

(C) WE CAN'T GET AN ANSWER WITHOUT THINKING

(D) NUMBER SHOWS AS SAME AS PLACE VALUE

(E) EFFECTIVENESS OF CONCENTRATION

(F) SYSTEMATICALLY PROGRAMMED TEACHING PLAN

(G) CLOSELY RELATED SET-THEORY

(H) TOP BEAD … AS BINARY

その他：MENTAL ARITHMETIC … ANZAN

珠算熟達者の右脳使用の優位性：日本医科大学・河野貴美子博士の学会での発表資料，お釣りの計算(画面上の負数を読む)，ヤード，フット(フィート)，インチや時計(時間，分，秒)などの計算，省略算法，そろばんによる平方根の抽出法などを説明，日本および国際的な暗算技術の紹介，日米生徒の計算能力比較一覧：日本はそろばん学習者，他のお稽古ごと学習生徒などに分けて統計した一覧表で，NCTM＝全米数学教師協議会約15万名の会員の小学校算数教師への掲載の資料も紹介しました．

●そろばんの論文で博士号・修士号取得

シカゴ大学のジェームス・スティグラー助教授は台湾へ2年間滞在し，珠算・暗算を研究して博士号を授与されました．

英語で読み上げた13桁の問題を暗算で正答を

ハワイ大学珠算教師養成集中講座：オアフ島、ハワイ島のヒロ地区とコナ市区、マウイ島で1週、5日間、毎朝4時間、二週間の講座を担当し、加減乗除の基礎から暗算、平方根の出し方まで指導しました。

得て3年連続日本一になった阿久根誠司氏(大阪大学大学院卒業，現在文部科学省勤務)を引率して出掛けたカリフォルニア州サンディエゴ市の小学校でのこと．私が初歩指導したあと，阿久根氏は担任の先生や生徒たちに例えば6桁×5桁の問題をいわせて板書し，阿久根氏が暗算で約4～5秒ぐらいで答えを書き始め，教室の電卓で検算して正答を確認．また，私が英語で13桁までの加減算を読み上げて暗算で計算させる模範演技などは，担任の先生や生徒たちに深い印象を与えました．このクラスは3～6年生のMGM(知能指数132以上の英才クラス)でした．

担任のMiss Emily Vedder先生は，昼間は小学校教員ですが，夕刻からは大学院の学生でした．エミリー先生は珠算学習の効果に大きな衝撃を受けて大学院の主任教授に相談し,「卒業論文はSOROBANについて執筆したい」と申し出て許可を得ました．そのことを知った私は多くの英文資料をお送りしました．エミリー先生は小学校の担任の保護者の許可を得て，それからの1年間，生徒を早朝登校させ珠算指導に励みました．単なる計算技術の向上でなく学問的な統計の記録が論文の主となるので，珠算指導前，ある期間経過後の比較，そして予定のカリキュラム終了後の個々の生徒の記録を丹念に分析し，ピアジェの心理学的な面，人間行動心理学やいろいろな面からの分析その他，エミリー先生の論文は学問的にすばらしい論文です．

Biggest soroban in the world?
In Fresno, California.
世界一大きい算盤。実際に珠は動きます。California州Fresno市の銀行の頭取にお聞きしましたら、そろばんは預金など数字に関連する計算器具であることを啓蒙するために作ったとのことです。

カリフォルニア州サンタクララ大学教授のラルフ・アブラハム博士は有名な数学者ですが，東京の私の家を訪問され，博士が顧問の名門校，ニューヨークのRoss Schoolでの「珠算教師養成集中講座」を2年にわたって依頼されました．博士には多くの英文資料を差し上げましたが，中でも興味を惹いたのはエミリー先生の修士論文でした．博士は帰米後，この論文をコピーしてニューヨークの先生方に配付したいとエミリー先生に尋ねたところ快諾をもらったとのことで，その報告の手紙にはIf I was in charge of education, all students in America would learn how to use the soroban.(もし私がアメリカの教育の責任者だったなら，すべての生徒にそろばんを学習させます)とのメッセージが添えられていました．

この一言で，アメリカでの30年間，さらに世界30ヵ国での約52年間の苦労が報われた気がしました．

今年1月14日，代々木の国立オリンピック記念青少年総合センターで「英語読み上げ算競技全国大会」が開催されました．1964年の東京オリンピックのときアメリカの陸上選手たちに英語でそろばんの指導をしたのがまさにこの場所でした．その思い出の場所をいま会場として使用しています．

(すずき・こうじ／英語読み上げ算教育協会会長)

●特別読み物

小数と対数の発見──第7章　ケプラーと対数

山本義隆

1．ケプラーと対数の出会い

のちに惑星運動の法則を発見することになるドイツ人ヨハネス・ケプラーが，不世出の天体観測家ティコ・ブラーエの助手に採用されたのは，1600年であった．肉眼での天体観測の精度を極限まで追求したと言われるデンマークの貴族ティコは，20年余にわたって観測を継続したヴェーン島を追われて，そのときプラハのルドルフⅡ世のもとに身を寄せていた．そしてケプラーがティコに雇われたわずか1年後にティコが急逝し，ケプラーはティコが勤めていた宮廷数学官──要するに皇帝お抱えの占星術師──の地位とともに，ティコの遺した膨大な観測データを引き継ぐことになる．

このデータにもとづいてケプラーが，今日彼の名を冠して呼ばれる惑星運動の三つの法則を見出したことはよく知られている．惑星は太陽を一方の焦点とする楕円軌道を描き，そのさい面積測度は一定であるという彼の第1法則と第2法則は1609年の『新天文学』に，公転周期の2乗と軌道長半径の3乗の比は惑星によらず一定であるという第3法則は1619年の『宇宙の調和』に発表された*1．

それらの法則の発見はいずれも多大な計算を必要とするものであったが，ティコの観測遺産を相続したケプラーに課された本来の義務は，ティコの生涯の目的を完成させること，すなわち，後に『ルドルフ表』と呼ばれることになる天体表を完成させることであった．その『ルドルフ表』は1624年に完成されたが(印刷完了1627年)，その完成にいたるにはさらに膨大な計算が必要とされていた．

それゆえケプラーは，対数の発見を知ったとき，もろ手を挙げて歓迎した．

もっともケプラーがネイピアの『規則』に最初に出会ったのは1617年の春であったが，その時点ではそれを詳しく学ぶ機会がなく，ケプラーがネイピアの先駆的な仕事を理解したのは，その1年後，彼の以前の助手であったベンジャミン・ウルシヌスの書に書かれていたネイピアの『記述』の紹介によるとされる*2．知人でのちにチュービンゲン大学教授になるウィルヘルム・シッカードへの1618年3月の書簡で「その芳名を失念したのですが，あるスコットランドの男爵が，すべての掛け算と割り算を，〔プロスタファエレシスのように〕正弦に変換することなく，足し算と引き算に置き換えるという素晴らしい仕事を携えて登場しました」と記している*3．

---

*1　このあたりの事実について，詳しくは拙著『世界の見方の転換 3』(みすず書房，2014)第12章を参照していただきたい．

*2　M. Caspar, *Kepler*, translated and edited by C. D. Hellman (Dover Publications, INC., 1993), p. 308. Yu. A. Belyi, 'Johannes Kepler and the Development of Mathematics,' *Vistas in Astronomy*, Vol. 18, pp. 643-660，該当箇所は p. 655.

*3　*Johannes Kepler Gesammelte Werke* (以下 *JKGW*), Bd. 17, p. 258．独訳は *JKGW*, Bd. 9, Nachbericht, p. 461f.

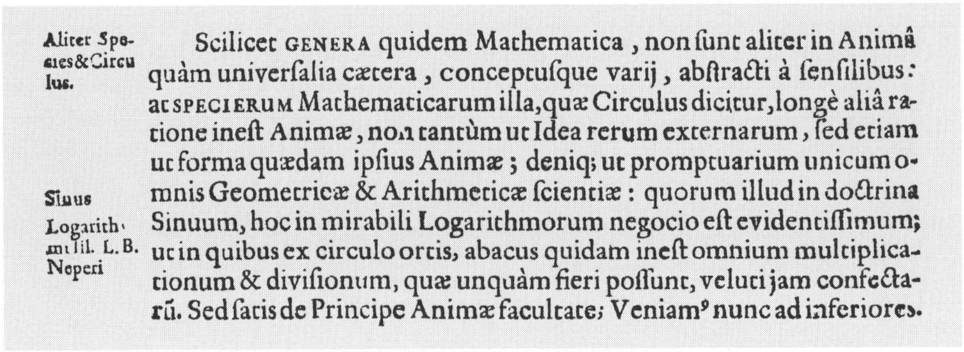

Aliter Species & Circulus.

Sinus Logarithmi Ill. L.B. Neperi

Scilicet GENERA quidem Mathematica, non ſunt aliter in Animâ quàm univerſalia cætera, conceptuſque varij, abſtracti à ſenſilibus: at SPECIERUM Mathematicarum illa, quæ Circulus dicitur, longè aliâ ratione ineſt Animæ, non tantùm ut Idea rerum externarum, ſed etiam ut forma quædam ipſius Animæ; deniq; ut promptuarium unicum omnis Geometricæ & Arithmeticæ ſcientiæ: quorum illud in doctrina Sinuum, hoc in mirabili Logarithmorum negocio eſt evidentiſſimum; ut in quibus ex circulo ortis, abacus quidam ineſt omnium multiplicationum & diviſionum, quæ unquàm fieri poſſunt, veluti jam confectarũ. Sed ſatis de Principe Animæ facultate; Veniamꝰ nunc ad inferiores.

図 7.1 Kepler『宇宙の調和』(1619)第 4 巻第 7 章

ケプラーは 1618 年に『宇宙の調和』を書きあげ，翌年に出版したが，そこには「幾何学の宝庫は正弦の理論〔三角法〕の内に，そして算術のそれは対数の驚くべき働きの内に，もっとも顕著に認められる」とあり，欄外に「正弦，高名なる領主ネイピア男爵の対数」と記されている(図 7.1)[*4]．

そしてケプラーは，ネイピアがすでに死亡していることを知らずに，1620 年版のエフェメリデス(天体暦)に，「スコットランドはマーチストンの男爵，高名にして高貴なジョン・ネイピアに」と始まる書簡の形で，対数発見の賛歌を語っている：

> 本エフェメリデスはこのように〔対数の助けで〕計算されました．それゆえに，高名な男爵閣下，これは閣下に捧げられるべきでありましょう．かくして閣下の対数は，必然的に『ルドルフ表』の一部を形成することになるでありましょう．[*5]

ケプラーの晩年の書『コペルニクス天文学概要』では，1618 年に出版された第 3 巻までは対数に触れられていず，また 1620 年の第 4 巻はもともと計算を含んでいないが，それにたいして 1621 年に出版された第 5 巻では，第 2 部の秤動の計算に「ネイピアの発明により，このすべての計算はたった 1 回の足し算で(per unicam additionem)きわめて素早く(expeditissime)成し遂げられる」とある[*6]．そして，後で触れるように，ケプラーは『宇宙の神秘』の 1621 年の第 2 版に，ネイピア対数をもちいた第 3 法則の証明を記している．

この時点でケプラーは，対数が天文計算に有している意義を見抜いていた．しかしそのことは，『ルドルフ表』制作途上にあったケプラーには大きな問題を提起していた．

ケプラーの 1818 年 2 月のヨハネス・レムスへの書簡には「対数は私の『ルドルフ表』にとっては，厄介な幸運(felix calamitas)だったのです．その表を対数にもとづいてあらたに作り直すか，それとも断念するかの岐路に立たされたので

*4 『宇宙の調和』，原典，p. 168, *JKGW*, Bd. 6, p. 277，邦訳(工作舎，2009)，p. 388．原典の欄外には 'Sinus, Logarithmi Ill. L. B. Neperi' とあるが，邦訳の欄外は「正弦と対数」とだけあり，「高名なる領主　ネイピア男爵の」が何故か訳出されていない．

*5 W. F. Hawkins, 'The Mathematical Work of John Napier (1550–1617),' University of Auckland Ph.D. Thesis (1982), p. 393 より．

*6 *JKGW*, Bd. 7, p. 385，英訳 *Great Books of the Western World*, No. 16, p. 990.

Joannis Kepleri
IMP. CÆS. FERDINANDI II.
MATHEMATICI
CHILIAS
LOGARITHMORUM
AD TOTIDEM NUMEROS
ROTUNDOS,
Præmissâ
DEMONSTRATIONE LEGITIMA
Ortus Logarithmorum eorumq; usus
QUIBUS
NOVA TRADITUR ARITHMETICA, SEU
COMPENDIUM, QUO POST NUMERORUM NOTITIAM
nullum nec admirabilius, nec utilius solvendi pleraq; Problemata
Calculatoria, præsertim in Doctrina Triangulorum, citra
Multiplicationis, Divisionis, Radicumq; extractionis, in Numeris prolixis, labores molestissimos.
AD
Illustriß. Principem & Dominum,
Dn. PHILIPPUM
Landgravium Haßiæ, &c.
Cum Privilegio Authoris Cæsareo.
(*)
MARPURGI,
Excusa Typis CASPARIS CHEMLINI.
cIↄ IↄC XXIV.

図 7.2　Kepler『千対数』(1624)の扉

Joannis Kepleri,
IMP. CÆS. FERDINANDI II.
MATHEMATICI,
SUPPLEMENTUM
CHILIADIS
LOGARITHMORUM,
Continens
PRÆCEPTA DE EORUM USU,
AD
ILLUSTRISS. PRINCIPEM ET DOMINUM,
DN. PHILIPPUM LANDGRAVIUM HASSIÆ, &c.

MARPURGI,
Ex officina Typographica Casparis Chemlini.
cIↄ Iↄ cXXV.

図 7.3　Kepler『千対数の補遺』(1625)の扉

す」と記されている*7．いずれにせよ，その時点でケプラーが見ることのできたのはネイピアの『記述』のみで，そこには対数の詳しい理論がなく，対数を使用するにせよ，自身で理論を見出す必要に迫られていたのである．

そもそもドイツでは，当時，誰しもが対数を好意的に受け容れたというわけではない．それどころか，どちらかというと懐疑的に見られていたようである．

そのため，ケプラーは独自に対数の基礎づけをおこない，1624 年に彼自身の対数の理論を展開したうえで，あらたに自分で計算しなおした対数表を付した『千対数』(図 7.2)を，さらに翌 25 年には『千対数の補遺』(図 7.3，以下『補遺』)を公表することになるが，その『補遺』冒頭の「読者への序」に，そのあたりの消息を詳しく語っているので，少し長めに引用しよう：

> 1621 年，私は高地ドイツを訪れ，当地のあちこちで腕の立つ算術家たちとネイピアの対数について議論をしたのだが，そのとき，年齢のゆえに慎重になっているこの人たちが対数を見下していることに気づいた．彼らは正弦の〔対数〕表を使用するどころか二の足を踏み，計算のための方便のようなものにまるで学童のように有頂天になるようなことは算術教授の沽券にかかわると言って，論理的な証明を欠いたその使用やその方法の受け入れを拒否していた．ネイピアの証明は幾何学的な運動にもとづいているが，その捉えどころのない流れは確実なものではないと，この人たちは不平をこぼしていた．彼らは，確かな証拠にもとづく推論こそが論理的な証明にとっての確実な根拠を与えるのだと考えていたのである．時を置かずに私が論理的な証明

＊7　*JKGW*, Bd. 17, p. 293．独訳は *JKGW*, Bd. 10, Nachbericht, pp. 12, 49.

のアイデアや根拠の考察に踏み出したのは，このためであり，私はリンツから戻ってただちに，真剣に取り組みをはじめたのである．[*8]

アカデミズムの世界にいるドイツの学者のあいだでは，実用数学それ自体が低く見られていたこともあるが，それとともに点の運動表象に依拠したネイピア流の対数の導入も確実性を欠くと見られ，受け容れられなかったようである．そしてこの「学者たち」のなかには，チュービンゲン大学におけるケプラーの師ミハエル・メストリンも含まれていた[*9]．

無理もない．というのも，運動理論の厳密な数学化は，1630年代にガリレオが等加速度運動の理論を提唱して以降のことであり，ましてや，ネイピアの語ったような，速度が距離とともに変化してゆくというような複雑な運動の数学的な扱いが，微積分法開発以前のこの時代に，不正確で根拠のないものだと判断されたのも止むをえないと思われる．実際，ネイピアにしても，微小だが有限の時間間隔としての「瞬間」ごとに速度が不連続に変化するという形でしか議論できなかったのである．それにそもそもネイピアの『記述』には詳しい理論はなく，他方，この時点で彼の『構成』はまだ公表されていなかった．

こうしてケプラーは，対数の独自の基礎づけに取り組むことになった．それはケプラー自身の言うところでは，対数を「直線ないしは運動や流れといった可感的な量に固有のものとしてではなく，比ないしはその他の可知的な量に固有のものとして」構成することであった[*10]．

2. ケプラー対数の定義

ともあれケプラーは，厳密な論証にもとづく純粋に算術的な対数の定義を追求する．そのため『千対数』は，ユークリッドの書と同様に，「仮定」「公理」「命題」というスタイルで議論が進められている．『千対数』の扉(図7.2)に‘demonstratione legitima(筋の通った証明)’とあるのは，そのことを指しているのであろう．もちろん内容的には，ネイピアのものとは独立である．しかし，そのすべての記述は数式抜きに言葉で書かれているし，私の語学力ではとても精確にフォローしえないので，『ケプラー全集 第9巻』巻末の‘Nachbericht’に依拠して，私の理解しえたかぎりで，後智恵による解釈も交えてケプラーの議論を記しておこう．このケプラーの議論は，管見のおよぶかぎりで，ほとんど何処にもキチンと書かれていないので，ここに記すのもそれなりに意味があるだろう．

対数導入の準備として，「比の測度(mensura proportionis)」を導入し，もとの比(真数)の積が測度においては和になるように要請する．つまり，「比の測度」を

$$\mathrm{mensura}\left(\frac{z}{x}\right)=\left[\frac{z}{x}\right]$$

のように記すならば，つぎの関係が成り立つように要請する：

$$\frac{z}{x}=\frac{y}{x}\times\frac{z}{y}\quad \text{にたいして}\quad \left[\frac{z}{x}\right]=\left[\frac{y}{x}\right]+\left[\frac{z}{y}\right]. \tag{7.1}$$

＊8　*JKGW*, Bd. 9, p. 355. See also, Hawkins, op. cit. p. 396.
＊9　M. Caspar, op. cit., p. 309.
＊10　*JKGW*, Bd. 9, p. 355.

この式で $y=z$，ないし $z=x$ とおくと

$$\left[\frac{z}{x}\right]=\left[\frac{z}{x}\right]+\left[\frac{z}{z}\right], \qquad \left[\frac{x}{x}\right]=\left[\frac{y}{x}\right]+\left[\frac{x}{y}\right]$$

ゆえ，ただちに

$$\left[\frac{z}{z}\right]=0, \qquad \left[\frac{y}{x}\right]=-\left[\frac{x}{y}\right] \tag{7.2}$$

であることが導かれる．また，

$$\left[\left(\frac{z}{x}\right)^2\right]=\left[\frac{z}{x}\times\frac{z}{x}\right]=\left[\frac{z}{x}\right]+\left[\frac{z}{x}\right]=2\left[\frac{z}{x}\right],$$

同様にして，一般の整数 n にたいして次の関係が導かれる：

$$\left[\left(\frac{z}{x}\right)^n\right]=n\left[\frac{z}{x}\right]. \tag{7.3}$$

『補遺』において「ラテン語で比例している部分として比の意味に訳されるものこそ，ギリシャ人が「ロゴス」と呼んだものである」と語り，「対数」の基本は「比」にあると考えるケプラーは，「比」つまりラテン語の「レシオ」，ギリシャ語の「ロゴス」にたいするこの「測度」こそが「対数(ロガリズム)」の定義を与えるものであると考える*11.

すなわち，数 x の対数を，ある決まった定数 R にたいする数 x の比の測度 $[R/x]$ でもって定義する．このケプラーの対数を $\mathrm{Kln}\,x$ で記すと

$$\mathrm{Kln}\,x=\left[\frac{R}{x}\right]. \tag{7.4}$$

ケプラー対数のこの定義に，上に導いた比の測度の関係 (7.1) (7.2) を適用すれば，ただちに和と差の公式

$$\mathrm{Kln}\,x+\mathrm{Kln}\,y=\mathrm{Kln}\left(\frac{xy}{R}\right), \qquad \mathrm{Kln}\,x-\mathrm{Kln}\,y=\mathrm{Kln}\left(R\frac{x}{y}\right) \tag{7.5}$$

が導かれる．ネイピア対数にたいする (5.14) (5.15) とまったくおなじである．

しかしもちろんこれだけからでは，x の関数としての測度つまり対数 $[R/x]$ を一意的に決めることはできない．ただこの関係とくに(7.2)を満たすためには

$$\left[\frac{z}{x}\right]=(z-x)\text{ の奇関数}$$

でなければならないことがわかるが，とくに x が z に十分近い場合には，$(z-x)$ の高次の項が無視できるので，C を任意の定数として

$$\left[\frac{z}{x}\right]=C(z-x) \tag{7.6}$$

ととることができる．そのさい定数 C としては，もっとも簡単に 1 ととる．

この関係を使用するために，ここで，x と R の間に点列 $x_1, x_2, \cdots, x_{n-1}, x_n$ を

$$x_1=\sqrt{Rx}, \quad x_2=\sqrt{Rx_1}, \quad x_3=\sqrt{Rx_2}, \quad \cdots\cdots, \quad x_n=\sqrt{Rx_{n-1}}$$

を満たすようにとる．このとき

$$\frac{R}{x}=\left(\frac{R}{x_1}\right)^2=\left(\frac{R}{x_2}\right)^{2\times2}=\left(\frac{R}{x_3}\right)^{2\times2\times2}=\cdots\cdots=\left(\frac{R}{x_n}\right)^{2^n}. \tag{7.7}$$

ここで n を十分に大きくとれば，$x_n=R(x/R)^{1/2^n}$ はいくらでも R に近づくゆえ，上記の関係(7.6)をもちいて

*11　*JKGW*, Bd. 9, p. 355f.

$$\left[\frac{R}{x_n}\right] = R - x_n = R\left\{1 - \left(\frac{x}{R}\right)^{1/2^n}\right\}$$

と置くことができる．そのとき(7.7)(7.3)より

$$\left[\frac{R}{x}\right] = \left[\left(\frac{R}{x_n}\right)^{2^n}\right] = 2^n\left[\frac{R}{x_n}\right] = 2^n R\left\{1 - \left(\frac{x}{R}\right)^{1/2^n}\right\}. \tag{7.8}$$

したがって(7.4)で定義したケプラー対数を，この式の右辺において n を無限大としたものとあらためて定義しなおすことができる．

すなわち**ケプラー対数**は，$2^n = N$ と記して

$$\mathrm{Kln}\, x = \lim_{N\to\infty} NR\left\{1 - \left(\frac{x}{R}\right)^{1/N}\right\} \tag{7.9}$$

で定義される．そのさいケプラーは $R = 100000$ とし，実際の計算にさいしては $n = 30$, $N = 2^{30} = 1073741824$ の値を使用している．

なお，定義から明らかに $\mathrm{Kln}\, R = 0$, $\mathrm{Kln}\, 0 = +\infty$, $0 < x < R$ で $\mathrm{Kln}\, x > 0$.

だいたいこれがケプラーの議論であるが，この議論は，以下のようにすればもう少し簡単にすることができる*12.

いま x と R のあいだの点列 $x_1, x_2, \cdots, x_{n-1}, x_n$ を，(7.7) 式のかわりに

$$\frac{x_1}{x} = \frac{x_2}{x_1} = \frac{x_3}{x_2} = \cdots\cdots = \frac{R}{x_{N-1}} = \alpha > 1$$

を満たすようにとる．このとき点列

$$x,\ x_1 = \alpha x,\ x_2 = \alpha^2 x,\ \cdots\cdots,\ x_{N-1} = \alpha^{N-1}x,\ R = \alpha^N x$$

は幾何数列をなし，これより

$$\frac{R}{x} = \alpha^N = \left(\frac{R}{x_{N-1}}\right)^N.$$

したがってこのふたつの比の測度について

$$\left[\frac{R}{x}\right] = \left[\left(\frac{R}{x_{N-1}}\right)^N\right] = N\left[\frac{R}{x_{N-1}}\right]$$

が成り立つ．

ここで N を十分大きい数とすれば，α はいくらでも 1 に近づく（つまり $x_{N-1} = R(x/R)^{1/N}$ はいくらでも R に近づく）ゆえ，十分大きな N にたいして

$$\left[\frac{R}{x}\right] = N\left[\frac{R}{x_{N-1}}\right] = N\{R - x_{N-1}\} = NR\left\{1 - \left(\frac{x}{R}\right)^{1/N}\right\}$$

と置くことができる．この式で，$N\to\infty$ としたものを，x の対数とする．この定義は，先の定義 (7.9) とまったくおなじものになる．

なお N がこのように大きい数であれば，自然対数を ln で表して

$$\left(\frac{x}{R}\right)^{1/N} = \exp\left\{\frac{1}{N}\ln\left(\frac{x}{R}\right)\right\} = 1 + \frac{1}{N}\ln\left(\frac{x}{R}\right) + O(N^{-2})$$

ゆえ，定義(7.9)のケプラー対数は

$$\mathrm{Kln}\, x = R\ln\left(\frac{R}{x}\right). \tag{7.10}$$

これは，第 6 章(6.3)式で導入した Mln（現代風に構成しなおしたネイピア対数）と事実上おなじものである．すなわち，十分大きな N にたいしては，ケプラー対数はネイピア対数と同一であり，いずれも事実上の自然対数である．

---

*12　以下の議論は Yu. A. Belyi，前掲論文，および C. Naux, *Histoire des Logarithmes de Neper a Euler*, Tome 1（A. Blanchard, 1966）, Ch. 6 にならった．

	100000	00000	00000	00000	
30 ae.	99999	99996	67820	56900	1073741824.
29 ae.	99999	99993	35641	13801	536870912.
28 ae.	99999	99986	71282	27702	268435456.
27 ae.	99999	99973	42564	55589	134217728.
26 ae.	99999	99946	85129	12883	67108864.
25 ae.	99999	99893	70258	38590	33554432.
24 ae.	99999	99787	40516	88629	16777216.
23 ae.	99999	99574	81034	22452	8388608.
22 ae.	99999	99149	62070	25698	4194304.
21 ae.	99999	98299	24147	74542	2097152.
20 ae.	99999	96598	48324	51665	1048576.
19 ae.	99999	93196	96764	73647	524288.
18 ae.	99999	86393	93992	28474	262144.
17 ae.	99999	72787	89835	81819	131072.
16 ae.	99999	45575	87076	62114	65536.
15 ae.	99998	91152	03773	10068	32768.
14 ae.	99997	82305	26024	99026	16384.
13 ae.	99995	64615	25959	97766	8192.
12 ae.	99991	29249	47518	67706	4096.
11 ae.	99982	58574	77102	11873	2048.
10 ae.	99965	17452	79822	51100	1024.
9 ae.	99930	36118	40985	14780	512.
8 ae.	99860	77086	38438	31172	256.
7 ae.	99721	73557	52112	10274	128.
6 ae.	99444	24546	13234	50059	64.
5 ae.	98891	57955	37194	96652	32.
4 ae.	97795	44506	62963	20009	16.
3 ae.	95639	49075	71498	12386	8.
2 ae.	91469	12192	28694	43920	4.
1 a.*	83666	00265	34075	54820	2.
	70000	00000	00000	00000	

図 7.4 n $(0.7)^{1/2^n}$ 2^n の表

3. ケプラーの対数表

このようにケプラーは，ネイピア対数とおなじものを，点の運動という表象に依拠することなく，純粋に算術的に定義したが，それと同時に，自分で計算することによって $R=100000$ ととった対数表を作成している．

『千対数』に書かれている Kln 70000 の計算(図 7.4)を再現しておこう．

図の表の左は n，中央は $(0.7)^{1/2^n}$，右は $N=2^n$ を，下から $n=1,2,3,\cdots,30$ にたいして記したものである．

この場合 $N=2^{30}=1073741824$ であり，$x=70000$，$x/R=0.7$ にたいして

$$(x/R)^{1/N}=(0.7)^{1/2^{30}}=0.99999\ 99996\ 67820\ 56900,$$
$$1-(x/R)^{1/N}=0.00000\ 00003\ 32179\ 43100.$$

したがって

$$\begin{aligned}\mathrm{Kln}\ 70000 &= NR\left\{1-\left(\frac{x}{R}\right)^{1/N}\right\}\\ &= 1073741824\times 100000\times 0.00000\ 00003\ 32179\ 43100\\ &= 35667.49481372221440\cdots.\end{aligned}$$

この値を(7.10)式を使って計算したもの

$$R\ln(R/70000) = 100000\ln(1/0.7) = 35667.49439\cdots$$

と比べると，ケプラー対数の値は，少なく見積もって有効数字7桁の精度を持ち，図7.5の対数値が精確なことがわかる．ネイピアのものより精度が1桁よい．

このことは，ケプラー自身が自覚していた．ケプラーは師メストリンに宛てた1620年4月の書簡に書いている：

> 対数は，今ではもちろんずっと精確になっています(Etsi logarithmi sunt adhuc accuratiores)．……ネイピアは十分に小さい比から始めなかったので，2倍の比，つまり100000.00の50000.00にたいする比の対数に数69314.69を得ていますが，しかし私は……この比にたいする対数に，ネイピアのものより3単位大きい69314.72を得ています．*13

実際，(7.10)で計算すれば $R\ln(R/x) = 100000\ln(100000/50000) = 69314.7181$ で，ケプラーの得た値の精度は，ネイピアのものよりたしかに1桁よい．

ケプラーはまた，対数を三角法から分離独立させた，つまり三角関数との関わりを断った．この点においても，ケプラーの立場はネイピアのものと異なる．

この項のはじめに，1619年の『宇宙の調和』の，正弦と対数に触れた一節を引用したが，そこでは，その後に「円に起源をもつその両者〔正弦と対数〕において(in quibus ex circulo ortis)」と続けられている(図7.1)．つまり，この時点でケプラーは対数を円に即して，つまり正弦にたいして定義されると考えていた．しかし1625年の『補遺』では，その理解は完全に克服されている．すなわち

> 対数は，ネイピアの『記述』を不注意に読むならば，正弦あるいは円の内部の直線に即して生まれたように見えるが，しかし私は対数を，**円の幾何学のまったく外側に**(foris extra Geometriam Circuli)，そしてユークリッドの書〔『原論』〕の〔比例論を扱った〕第5巻の範囲内で，構成する．*14

こうしてケプラーは，現代的な言い方をすれば，角度(ないし円弧) θ または弦の長さ $R\sin\theta$ の関数としてのネイピアの対数 $\mathrm{Nln}(R\sin\theta)$ を，実数 x の関数としての対数 $\mathrm{Kln}\,x$ に転換させたのである．

そのことは，ケプラーの対数表の構成に明らかである．

ネイピアの対数表は，等間隔(1分刻み)の角度 θ にたいする $R\sin\theta = 10^7\sin\theta$ と，その対数 $\mathrm{Nln}(R\sin\theta)$ をこの順に並べて表示したもの，つまり角度を変数とした正弦と対数の表(所与の角度に対する対数を求めるための表)であった．

それにたいして ケプラーの『千対数』における対数表(図7.5)では，2列目に $x = R\sin\theta = 100000\sin\theta$ が等間隔に(正確には，1.00から100000.00まで，そのうち1から10までは1刻みで，10から100までは10刻みで，100から100000までは100刻みで)，都合1018個記されている．そしてその左(1列目)にはそのそれぞれの x の値にたいする $\theta = \sin^{-1}(x/R)$ が，そして，その右(4列目)には，

---

*13 *JKGW*, Bd. 18, p. 7f. 独訳はBd. 9, p. 464，仏訳はNaux, op. cit. p. 132．ネイピアの得た値は図6.6の1行目にあり，ネイピアは $R = 10^7$ ととっているので対数は6931469，それに比べて6931472は「3単位大きい」ということ．

*14 *JKGW*, Bd. 9, p. 356. 強調山本．

ARCUS *Circuli cum differentiis*	SINUS *seu Numeri absoluti*	*Partes vicesimae quartae*	LOGARITHMI *cum differentiis*	*Partes sexagenariae*
— 4. 45			144. 83	
43. 42. 33	69100.00	16. 35. 2	36961. 54+	41. 28
4. 45			144. 61	
43. 47. 18	69200.00	16. 36. 29	36816. 93	41. 31
— 4. 46			144. 40	
43. 52. 4	69300.00	16. 37. 55	36672. 53—	41. 35
4. 46			144. 20	
43. 56. 50	69400.00	16. 39. 22	36528. 33+	41. 38
— 4. 47			143. 99	
44. 1. 37	69500.00	16. 40. 48	36384. 34+	41. 42
4. 47			143. 78	
44. 6. 24	69600.00	16. 42. 14	36240. 56+	41. 46
— 4. 48			143. 57	
44. 11. 12	69700.00	16. 43. 41	36096. 99	41. 49
4. 48			143. 37	
44. 16. 0	69800.00	16. 45. 7	35953. 62	41. 53
— 4. 48			143. 17	
44. 20. 48	69900.00	16. 46. 34	35810. 45+	41. 56
4. 49			142. 96	
44. 25. 37	70000.00	16. 48. 0	35667. 49+	42. 0
— 4. 49			142. 75	
44. 30. 26	70100.00	16. 49. 26	35524. 74	42. 4
4. 49			142. 55	
44. 35. 15	70200.00	16. 50. 53	35382. 19	42. 7
— 4. 50			142. 35	
44. 40. 5	70300.00	16. 52. 19	35239. 84+	42. 11
4. 50			142. 14	
44. 44. 55	70400.00	16. 53. 46	35097. 70—	42. 14
— 4. 51			141. 95	
44. 49. 46	70500.00	16. 55. 12	34955. 75—	42. 18
4. 51			141. 75	
44. 54. 37	70600.00	16. 56. 38	34814. 00+	42. 22
— 4. 52			141. 54	
44. 59. 29	70700.00	16. 58. 5	34672. 46	42. 25
4. 52			141. 34	
45. 4. 21	70800.00	16. 59. 31	34531. 12	42. 29
— 4. 52			141. 14	
45. 9. 13	70900.00	17. 0. 58	34389. 98—	42. 32
4. 53			140. 95	
45. 14. 6	71000.00	17. 2. 24	34249. 03	42. 36
— 4. 53			140. 74	
45. 18. 59	71100.00	17. 3. 50	34108. 29—	42. 40
4. 54			140. 55	
45. 23. 53	71200.00	17. 5. 17	33967. 74—	42. 43
— 4. 54			140. 35	
45. 28. 47	71300.00	17. 6. 43	33827. 39	42. 47
4. 54			140. 15	
45. 33. 41	71400.00	17. 8. 10	33687. 24—	42. 50
— 4. 55			139. 96	
45. 38. 36	71500.00	17. 9. 36	33547. 28—	42. 54
4. 55			139. 77	
45. 43. 31	71600.00	17. 11. 2	33407. 51	42. 58
— 4. 56			139. 57	
45. 48. 27	71700.00	17. 12. 29	33267. 94+	43. 1
4. 56			139. 37	
45. 53. 23	71800.00	17. 13. 55	33128. 57	43. 5
— 4. 57			139. 18	
45. 58. 20	71900.00	17. 15. 22	32989. 39	43. 8
4. 57			138. 98	
46. 3. 17	72000.00	17. 16. 48	32850. 41—	43. 12
— 4. 58			138. 79	

図 7.5　『千対数』中の対数表の１頁

左から第１列 $\sin^{-1}(x/R)$，第２列 x，第３列 $24(x/R)$，第４列 $\mathrm{Kln}\,x$，第５列 $60(x/R)$．ただし $R=10^5$．現代用語で言う真数 x が等間隔にとられていることに注意．

12	Tabularum Rudolphi													
	CANON Logarithmorum et Antilogarithmo-													
Partes	90		91		92		93		94		95		96	Anti
	0		1		2		3		4		5		6	Log
Scr.	Pro 10″	Decre.		Dec.		Dec.		Dec.		Dec.		Dec.	Decr. 46	
0	Infinitum.		404828	275	335528	139	295007	92	266274	69	244006	56	225830	60
1	814257	11553	3175	271	4699	137	4454	92	265859	69	243674	55	554	59
2	744942	6758	401549	267	3876	136	3903	91	446	69	343	55	278	58
3	704396	4795	399949	263	3060	135	3356	91	265034	69	243013	55	225003	57
4	675627	3719	8374	259	2251	134	2811	90	4624	68	242684	55	224729	56
5	653313	3039	6824	255	1448	133	2270	90	4216	68	357	55	456	55
6	635081	2569	5298	251	330651	132	1731	89	263809	68	242031	54	224183	54
7	619666	2229	3794	247	329861	131	1195	89	404	68	241705	54	223911	53
8	606313	1963	2313	243	9077	130	290663	88	263001	67	380	54	640	52
9	594535	1756	390853	240	8299	129	290133	88	2599	67	241057	54	369	51

図 7.6　『ルドルフ表』(1627)に付された対数表の一部

1 行目 θ_C，2 行目 $\theta_S = \theta_C - 90^\circ$ として $\mathrm{Kln}(R\sin\theta_S)$ と $\mathrm{Kln}(-R\cos\theta_C)$ の表(antilogarithm とあるが，それはここでは $-\cos\theta$ に対する対数の意味)．たとえば $\theta_S = 4^\circ 7'$，$\theta_C = 94^\circ 7'$ に対して $\mathrm{Kln}(R\sin\theta_S) = \mathrm{Kln}(-R\cos\theta_C) = 263404$.

そのそれぞれの x にたいする対数 $\mathrm{Kln}\,x$ が記されている(3 列目と 5 列目は，それぞれ $24(x/R)$ と $60(x/R)$ の 60 進小数表示)．つまりケプラーの対数表は，現代用語で言う真数 x を変数とした逆正弦(arcsin)と対数の表なのである．

しかしケプラーのこの意図がただちに理解され受け容れられたわけではない．先述のシッカードは 1624 年 9 月にケプラーへの書簡で訴えている：

> 私はそれら〔対数表〕が誰にでも使えるようになったことを嬉しく思っています．そして計算のためのこんなにも優れた手段を手に入れたことを喜んでいます．それら〔ケプラーの対数表〕は 1 から 1000 までの数で与えられているので，〔三角法以外の〕他の計算にも役に立つでしょう．この理由で私は，それらをネイピアの対数よりも好んでいます．しかし隠さずに本音を言いますと，三角法では私はむしろネイピアの表を優先しています．正弦にたいしてはそれ〔ネイピアの表〕は 1 分ごとの値が与えられているのにたいして，貴兄の表では，比例の部分を探さなければならず，それは時間を要することであり，急いでいるときには不便なのです．*15

このこともあってか，ケプラーは『ルドルフ表』では，変数を x とした対数表と変数を θ とした $R\sin\theta$ に対する対数の表を分けて印刷している(図 7.6)．

4.　対数による計算の例

はじめに言ったように，太陽系において惑星の公転周期の 2 乗と軌道長半径の 3 乗の比は一定，すなわち公転周期の 2/3 乗は軌道長半径に比例するというケプラーの第 3 法則が発表されたのは 1619 年に出版された『宇宙の調和』であった．

＊15　*JKGW*, Bd. 18, p. 215, 英訳は Belyi, op. cit., p. 657.

天文学者ケプラーのデヴュー作は1596年の『宇宙の神秘』であるが，ケプラーは1621年に同書の第2版を出版し，そこに付した自注にあらためて第3法則の証明を示しているが，それはネイピアの対数表に依拠して対数を使用したものであった．この問題は，『千対数の補遺』においても再論されているが，この場合は，自身の対数表に依拠したものである．正弦等のまったく関わることのない計算への対数使用のきわめて初期の(おそらく最初の)例であり，ケプラーはその計算をそれなりに重視していたように思われるので，ここに記しておこう．

『宇宙の神秘』第2版の第20章の自注には記されている：

> 惑星〔火星と地球〕の周期687と$365\frac{1}{4}$の立方根が見出され，その立方根が2乗されたならば，これらの2乗における比は，軌道の半径の比に正確に等しい．これらの計算は，クラヴィウスの『実用幾何学』に付されている立方の表によるか，スコットランドの男爵ネイピアの対数によって，以下のように容易に実行される．

ここでのケプラーの計算は，すこし整理し数式をもちいて記せば

T_{M} = 火星の公転周期 = 687.00 day,　　T_{E} = 地球の公転周期 = 365.25 day.

これより

$$\mathrm{Nln}\,100\,T_{\mathrm{M}} = \mathrm{Nln}\,68700 = 37547, \qquad \frac{2}{3}\,\mathrm{Nln}\,100\,T_{\mathrm{M}} = 25029 = X_{\mathrm{M}},$$

$$\mathrm{Nln}\,100\,T_{\mathrm{E}} = \mathrm{Nln}\,36525 = 100715, \qquad \frac{2}{3}\,\mathrm{Nln}\,100\,T_{\mathrm{E}} = 67144 = X_{\mathrm{E}}.$$

これらの対数$X_{\mathrm{M}}, X_{\mathrm{E}}$にたいする真数($x = \mathrm{Nln}^{-1}X$)は，ネイピアの対数表より

$$x_{\mathrm{M}} = 77858, \qquad x_{\mathrm{E}} = 51097.$$

この値の比は，地球と火星の軌道半径の比に等しい．ケプラー自身の書き方では

> この〔77858と51097の〕比は，火星と地球の軌道の比に等しい．というのもこの比を他の値で書き直せば，それは51097 : 100000が77858 : 152373に等しいということになり，これ〔152373〕は，太陽から地球までの距離を100000ととる単位で，明らかに火星の平均距離に相当する*16．

結局この証明は，2/3乗の計算を必要としないということが，眼目である．

おなじ計算を『補遺』では，ケプラーは自身の対数表をもちいてやっている*17．そのため数値が少し異なるが，それだけではなく計算手順も異なっている．なおケプラーの『千対数』は，対数にLog.の形の略号を始めて使用したと言われている*18．そしてそのLog.の記号を多用しているのが『補遺』である．実際，『補遺』第8章の規則1の最初の例には

23400.00. Log. 145243.42

のような表記が見られるが，これは

---

*16　*JKGW*, Bd. 8, p. 115.

*17　*JKGW*, Bd. 9, p. 411f.

*18　F. Cajori, *A History of Mathematical Notations* (1929, reprinted, Dover Publications INC., 2012), Vol. 2, p. 105. しかし実際にはケプラーは1619年8月や20年春の書簡ですでにLog.の表記を使っている．*JKGW*, Bd. 17, p. 378, Bd. 18, p. 10.

Ergò Termini Majoris 68700. Log. 37542.
Termini Minoris 36525. Log. 100740.

Quantitas ergò proportionis 63198.

Proportionis verò divisoriae termini 2. 1. faciunt 3. quâ summâ divisa quantitas Proportionis, facit ejus trientem 21066. et
duos trientes 42132. Hos aufer
à Logarithmo partis minoris 100740.

Restat 58608.

図 7.7 『千対数の補遺』第 8 章規則 XIV におけるケプラー第 3 法則の証明の一部
対数記号に Log. が使われ，数式による表現に近づいていることがわかる

$$\mathrm{Kln}\, 23400.00 = 145243.42$$

を表している．そこで『補遺』における第 3 法則の証明の部分を図 7.7 に載せ，その部分を以下のように現代的な数式に書き直しておこう [*19]：

$$\mathrm{Kln}(100\,T_{\mathrm{M}}) = \mathrm{Kln}\, 68700 = 037542,$$

$$\underline{\mathrm{Kln}(100\,T_{\mathrm{E}}) = \mathrm{Kln}\, 36525 = 100740}(-$$

$$-63198 = \mathrm{Kln}\left(R\frac{T_{\mathrm{M}}}{T_{\mathrm{E}}}\right)$$

$$-63198\times\frac{2}{3} = -42132 = \frac{2}{3}\,\mathrm{Kln}\left(R\frac{T_{\mathrm{M}}}{T_{\mathrm{E}}}\right) = \mathrm{Kln}\left\{R\left(\frac{T_{\mathrm{M}}}{T_{\mathrm{E}}}\right)^{2/3}\right\}$$

$$\underline{\mathrm{Kln}(100\,T_{\mathrm{E}}) = \mathrm{Kln}\, 36525 = 100740}(+$$

$$58608 = \mathrm{Kln}(100\ T_{\mathrm{M}}) + \mathrm{Kln}\left\{R\left(\frac{T_{\mathrm{M}}}{T_{\mathrm{E}}}\right)^{2/3}\right\}$$

$$= \mathrm{Kln}\left\{100\ T_{\mathrm{M}}\times\left(\frac{T_{\mathrm{M}}}{T_{\mathrm{E}}}\right)^{2/3}\right\}.$$

そして自身の対数表から $\mathrm{Kln}\, 55650 = 58608$ すなわち $100\ T_{\mathrm{E}}^{1/3}T_{\mathrm{M}}^{2/3} = 55650$ を読み取り，これより

$$\frac{T_M^{2/3}}{T_E^{2/3}} = \frac{100\ T_{\mathrm{E}}^{1/3}T_{\mathrm{M}}^{2/3}}{100\ T_{\mathrm{E}}} = \frac{55650}{36525} = \frac{152360}{100000}.$$

これは，火星と地球の軌道の長半径の比にほかならない．この計算のほうが，対数の性質をより旨く使っている．

5. ケプラーの功績

『宇宙の調和』刊行後，ケプラーは『ルドルフ表』の完成に取り組むが，その過程でケプラーは，このように対数の独自の基礎づけをおこない，同時に新しく創り出された対数を積極的に取り入れ，天文学における対数使用を定着させることになった．とくにケプラーが対数をもちいて『ルドルフ表』を作成し，それに対数表を付したことで，天文学における対数使用は決定的となった．

＊19　4 行目の最後の等号は，整数 n に対して (7.5) 式より導かれるつぎの等式を使う：
$$n\,\mathrm{Kln}\,x = \mathrm{Kln}\{R(x/R)^{n}\},\qquad (1/n)\,\mathrm{Kln}\,x = \mathrm{Kln}\{R(x/R)^{1/n}\}.$$

いまでは，対数の発案者としてケプラーが挙げられることはないし，対数理論の発展におけるケプラーの寄与が語られることも，Charles Naux が『対数の歴史』で「ケプラーは対数の存在を証明し，それに〈自然な〉理論を与えようと考えた」と語ってケプラーに1章を設けたことを数少ない例外として*[20]，ほとんどない．

しかし科学史家 J. D. North が17世紀の新世界（ブラジル）の天文学者（占星術家）マルクグラフについて書いた論文があるが，そこには，マルクグラフが対数計算に習熟していたことに触れて，「対数の初期の著述家たちは，先行者たち，とりわけもちろんネイピアやケプラーから恥ずかしげもなく借用しがちである」とある*[21]．当時ケプラーは，すくなくとも天文学者や占星術家のあいだでは，ネイピアと並んで対数理論の最初の著述家として知られていたようである．

ともあれケプラーは，対数を三角法から独立させ，かつ天文計算への対数使用を確立したことで特筆される．

16世紀中期の10進小数と17世紀初頭の対数の発見（発明？）は，レギオモンタヌスによる『三角形総説』以来一世紀半にして，より精密化する観測に即応して，桁数の多い観測量を処理する数学的手段がほぼ確立されたことを意味している．こうしてポイルバッハとレギオモンタヌスによるプトレマイオスの復活からティコ・ブラーエとケプラーまでの天文学の発展は，計算手法の面においても，17世紀後半の数学的自然科学の隆盛を準備することになった．

それはまた，明確に意識されてはいないにせよ，実数の連続体という観念を形成することになり，のちの微積分法開発への途を開くことになる．

Florian Cajori の数学史には「15世紀の後期から16世紀を通じて，ドイツの数学者は，まことに精確な三角表を構成した．しかしその精確さはかえって計算者の仕事をいちじるしく増大させた．それゆえ，ラプラスが，対数の発見は‘骨折りを少なくして，天文学者の生命を二倍にした’と賛美したのも，誇大の言ではない」と指摘されている*[22]．しかし，数学者が精確な三角関数表を作ったから計算者の仕事が増加した，という主張は転倒している．天体観測と天文学自体がより精密になり，そのためにより精確な三角関数表が求められていた，と言うべきである．レギオモンタヌスからレティクスへと発展した三角関数表の精密化と充実は，観測天文学の発展を大きく推進したことは事実であるが，逆に観測天文学の発展から刺激を受けてもいたのである．

いずれにせよ，扱う数の桁数が増したことにより計算の労力が飛躍的に増大したことは事実であり，その負担を軽減させるための方策が求められていたことには変わりはない．この時点での対数の発見は，当時ほとんど唯一の精密科学であった天文学における計算の労力を軽減するためという，きわめて実際的な動機に導かれたものであった．

次回はケプラーと親交のあったヨースト・ビュルギを見ます．

（やまもと・よしたか）

＊20　C. Naux, op. cit. p.128.

＊21　J. D. North, ‘Georg Markgraf,’ in *The Universal Frame*（The Hambledon Press, 1989）, p. 218.

＊22　Cajori『復刻版カジョリ初等数学史』（1896），小倉金之助補訳（共立出版，1997）p. 221f.

遠山啓『数学入門』を読む——［3］円から楕円へ

宮永 望

連載の第3回です．今回も，遠山啓『数学入門』(文献 [3.0])の読書会での講師経験を踏まえながら，執筆をしました．『数学入門』を手もとに置きながら読んでいただけたら，と思います．

一般角に対する三角関数は，三角比の一般化ですが，「円関数」でもあります．「円関数」は，正式な学術用語ではないですが，円周上の点の座標をあらわす関数という意味の言葉で，ときどき目にする言葉です．たとえば文献 [3.1] に出てきます(この文献には「リサージュ図形」上の点の座標を三角関数であらわす話も出てきます)．

高校の数学では三角関数を三角比の一般化として定義することが多いようですが，『数学入門』では「円関数」として定義しています．三角比は建築学などで使われ，「円関数」は物理学などで使われます．どちらも大切なはずですが，高校の数学には「円関数」はあまり出てこないようです．

今回の論説では，三角関数を「円関数」として定義し，『数学入門』を参考にして「円関数」の活躍ぶりを鑑賞します．今回のおもな話題は

三角関数の加法定理の証明，
円の面積の公式の積分計算によらない証明，
楕円を三角関数で表現する2種類の方法，
ケプラーの楕円軌道の法則，
ニュートンの万有引力の法則

です．『数学入門』にない話題も扱います．

じつは，今回の執筆を始めたときには「円関数」の話題を他にもいくつか紹介するつもりでした．しかし，紙面や時間の都合で，今回はあきらめることになりました．今回紹介できなかった話題のいくつかは，次回以降に改めて紹介するつもりです．

前回までの論説は，多くの部分を，算数・数学の教育理論に関心があるかたに向けて書いたのですが，今回は，多くの部分を，高校で数学を教える先生や教科書の数学にあきたらない意欲的な高校生に向けて書きました．今回の論説が新たな読者に届くことを期待しています．

3.1 節　三角関数であらわされる円

3.1 節では，2 次ベクトルの回転をあらわす写像(関数) $R(\theta)$ を定義し(定義 3.1.1)，$R(\theta)$ についての基本性質を準備する(定理 3.1.2)．そして，$R(\theta)$ を使って三角関数 $\cos\theta, \sin\theta$ を定義し(定義 3.1.3)，三角関数の加法定理を証明する(証明 3.1.8)．

●定義 3.1.1(2 次ベクトルの回転)

2 次ベクトル (p, q) を θ ［ラジアン］回転させたときの 2 次ベクトルを，$R(\theta)(p, q)$ と書くことにする．ただし，角は一般角で考える(2π ［ラジアン］より大きい角や 0 ［ラジアン］より小さい角も考える)．また，角の向きは「(表側から見たときの)反時計回り」を「正の向き」とする．

この $R(\theta)$ は本節だけの記号である．本節では $R(\theta)$ のつぎの性質を認めることにする．

●定理 3.1.2(2 次ベクトルの回転の基本性質)

(1) $\begin{cases} R\left(\dfrac{\pi}{2}\right)(1,0) = (0,1) \\ R\left(\dfrac{\pi}{2}\right)(0,1) = (-1,0) \end{cases}.$

(2) $R(\theta)((a,b)+(c,d))$
$\quad = R(\theta)(a,b)+R(\theta)(c,d).$

(3) $R(\theta)(p(a,b)) = p(R(\theta)(a,b)).$

(4) $R(\alpha+\beta)(p,q) = R(\alpha)(R(\beta)(p,q)).$

性質(2)が成立することは図 3A により明らかであろう．性質(2)，(3)が成立することを線

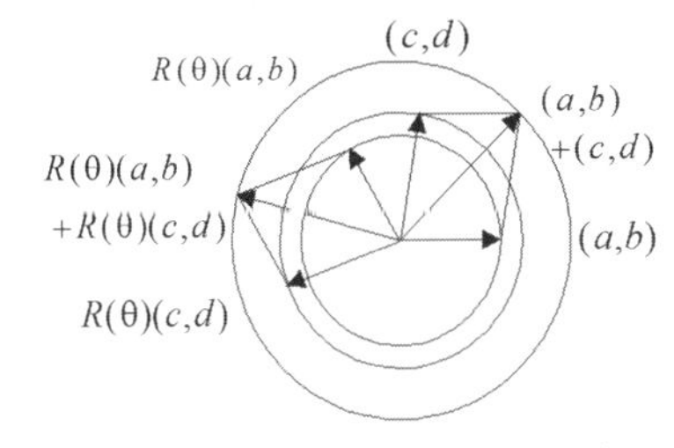

図 3A　($R(\theta)((a,b)+(c,d))$ は？)

型代数学では「$R(\theta)$ が線型写像である」と言う．正比例関数「r 倍：$x \mapsto x \times r$」には

$$(a+c)\times r = a\times r + c\times r,$$
$$(a\times p)\times r = (a\times r)\times p$$

という性質があるが，正比例関数は代表的な線型写像である（正比例関数と線型写像の関係については 1.4 節でも言及した）．

$R(\theta)$ についての準備は以上である．三角関数の議論へすすむことにする．

原点 $(0,0)$ を中心として点 $(1,0)$ を連続的に回転させるとき，その動点の軌跡は原点中心の単位円になる．その円周上の点の座標として，三角関数 $\cos\theta, \sin\theta$ を定義することにする（『数学入門』第 XI 章の定義）．点 $(1,0)$ を θ［ラジアン］回転させたときの点の x 座標，y 座標が，それぞれ $\cos\theta, \sin\theta$ になる．

この「円関数としての三角関数」の考え方は，連載第 3 回をとおして何度も使われる．

●定義 3.1.3（三角関数の定義，「円関数としての三角関数」）

三角関数 $\cos\theta, \sin\theta$ を

$$R(\theta)(1,0) = (\cos\theta, \sin\theta)$$

と定義する．定理 3.1.2（3）により

$$R(\theta)(r(1,0)) = r(R(\theta)(1,0)) \qquad (r>0)$$

となるので，この定義は

$$R(\theta)(r(1,0)) = r(\cos\theta, \sin\theta) \qquad (r>0)$$

に一般化できる．

定義 3.1.3 の「円関数としての三角関数」の考え方にしたがえば，つぎの定理は明らかだろう．

●定理 3.1.4（正規直交座標と極座標の一対一対応）

座標 (x,y)（$(x,y)\neq(0,0)$）と座標 (r,θ)（$r>0$, $0\le\theta<2\pi$）を等式

$$(x,y) = r(\cos\theta, \sin\theta)$$

で一対一に対応させることができる．前者の座標（通常の座標）は「（正規）直交座標」と呼ばれているが，後者の座標は「極座標」と呼ばれている．

方程式 $F(x,y)=0$ で定義された曲線 Γ が点 $(0,0)$ を通らないとする．曲線 Γ を表現したいときに，

(x,y) が Γ の点

$\Longleftrightarrow$ ある (r,θ) $(r>0)$ に対して

$$\begin{cases} (x,y) = r(\cos\theta, \sin\theta) \\ r = f(\theta) \end{cases}$$

のような同値変形をする（方程式 $F(x,y)=0$ の解を任意定数 θ で表現する）ことがある（問題 3.3.4 など）．曲線 Γ を，パラメータ θ が動くときの点 $f(\theta)(\cos\theta, \sin\theta)$ の軌跡として表現するのである．この表現方法は，「$r=f(\theta)$ による極表示（極座標表示）」と呼ばれている．3.6 節で万有引力の法則を証明するときには，

「$r = \dfrac{b^2}{a+c\cos\theta}$ による極表示」が活躍する．

「$r=f(\theta)$ による極表示」は，曲線 Γ が $F(x,y)=0$ などの方程式では定義されない場合にも，使えることが多い（文献［3.0］下巻 120 頁など）．

さて，3.1 節の残りでは，定理 3.1.2 と定義 3.1.3 による代数的計算のみを使って，三角関数の加法定理（定理 3.1.5）の証明をおこなう．定理 3.1.2 と定義 3.1.3 は幾何学的直観に支えられているが，加法定理の証明では幾何学的性質は使わない．

●定理 3.1.5（三角関数の加法定理）

$$(\cos(\alpha+\beta), \sin(\alpha+\beta))$$
$$= \cos\alpha(\cos\beta, \sin\beta) + \sin\alpha(-\sin\beta, \cos\beta).$$

●補題 3.1.6（証明 3.1.8 で使う補題）

$$R\left(\frac{\pi}{2}\right)(p,q) = (-q,p).$$

●証明 3.1.7（補題 3.1.6 の証明）

$$R\left(\frac{\pi}{2}\right)(p,q) = R\left(\frac{\pi}{2}\right)(p(1,0)+q(0,1))$$
$$= R\left(\frac{\pi}{2}\right)(p(1,0)) + R\left(\frac{\pi}{2}\right)(q(0,1))$$

$$= p\left(R\left(\frac{\pi}{2}\right)(1,0)\right)+q\left(R\left(\frac{\pi}{2}\right)(0,1)\right)$$
$$= p(0,1)+q(-1,0) = (-q, p).$$

●証明 3.1.8(定理 3.1.5 の証明)

補題 3.1.6 により

$$R(\beta)(0,1) = R(\beta)\left(R\left(\frac{\pi}{2}\right)(1,0)\right)$$
$$= R\left(\beta+\frac{\pi}{2}\right)(1,0) = R\left(\frac{\pi}{2}\right)(R(\beta)(1,0))$$
$$= R\left(\frac{\pi}{2}\right)(\cos\beta, \sin\beta) = (-\sin\beta, \cos\beta)$$

となるので，

$$(\cos(\alpha+\beta), \sin(\alpha+\beta)) = R(\alpha+\beta)(1,0)$$
$$= R(\beta)(R(\alpha)(1,0)) = R(\beta)(\cos\alpha, \sin\alpha)$$
$$= R(\beta)(\cos\alpha(1,0)+\sin\alpha(0,1))$$
$$= R(\beta)(\cos\alpha(1,0))+R(\beta)(\sin\alpha(0,1))$$
$$= \cos\alpha(R(\beta)(1,0))+\sin\alpha(R(\beta)(0,1))$$
$$= \cos\alpha(\cos\beta, \sin\beta)+\sin\alpha(-\sin\beta, \cos\beta)$$

となる．

補題の証明(証明 3.1.7)でも加法定理の証明(証明 3.1.8)でも，線型写像としての $R(\theta)$ の性質(定理 3.1.2 (2), (3))が肝となっていることに注意したい．

『数学入門』第 XI 章での三角関数の加法定理の証明は，複素数のかけ算を使う証明であり，本節での証明とは見かけが違う．しかし，本質は同じである．『数学入門』の証明で使われる「複素数倍」の分配法則は，「複素数倍」の線型写像としての性質であり，定理 3.1.2 (2), (3) と対応している．また，『数学入門』第 VII 章での虚数単位 $i(i^2=-1)$ の導入は，私たちが認めた定理 3.1.2 (1) と対応している．

三角関数の加法定理を証明させる問題が，東京大学の入学試験に出たことがある(問題 3.1.9 の設問 (2))．噂によると，その設問の採点結果は，満点か零点かという感じだったそうだ．

●問題 3.1.9(1999 年の東京大学の入学試験問題)

(1) 一般角 θ に対して $\sin\theta, \cos\theta$ の定義を述べよ．

(2) (1)で述べた定義にもとづき，一般角 α, β に対して

$$\sin(\alpha+\beta) = \sin\alpha\cos\beta+\cos\alpha\sin\beta,$$
$$\cos(\alpha+\beta) = \cos\alpha\cos\beta-\sin\alpha\sin\beta$$

を証明せよ．

じつは私は，高校の教科書の三角関数の加法定理の証明が，好きではない．教科書の証明は，もちろん正しいのだが，限られた道具で証明しているせいか不自然に見えてしまう．私は本節での証明が一番スッキリしていると思うのだが，皆さんはどう思われるだろうか．

3.2 節　円についての循環論法

高校や大学の微分積分学の教科書のほとんどでは，円についての公式

A: 面積 = 半径×周長÷2

を使って，三角関数の極限の公式

B: $\displaystyle\lim_{\theta\to 0}\frac{\sin\theta}{\theta} = 1$

を証明している．この論理展開に対しては，以下のような定番の批判がある．

公式 B を使うことで公式

C: $\displaystyle\frac{d\sin\theta}{d\theta} = \cos\theta$

の証明ができるが，議論の出発点だったはずの公式 A の証明は，公式 C を使う積分計算(置換積分)を用いておこなわれる．したがって，「公式 A ⇒ 公式 B ⇒ 公式 C ⇒ 公式 A」という循環論法に陥っている．つまり，教科書の理論構成は破綻している！

この批判は，半分正しくて，半分誤っている．たしかに循環論法になっているが，だからといって理論構成は破綻しない，というのが真実である．教科書を無批判に信じない精神だけでなく，教科書への批判を無批判に信じない精神も大切にしたいものだ．

本節では，上記の循環論法を確認し，公式 C を前提とせずに，公式 A を初等的に証明する(極限の概念は使うが，微分法や積分法は使わない)．

紀元前のアルキメデスは，公式 A を厳密に(近似計算でお茶を濁すことなく)証明したそうだ．本節での公式 A の初等的証明(証明 3.2.7)は，文

献［3.2］での議論を本節での目的に合わせて書き変えたものになるが．その文献での議論は，アルキメデスの証明にもとづいているようだ．本節での初等的証明の記述は概要だけになるが，記述の行間はその文献で埋めることができる．

公式Aの初等的証明は，残念なことに普及していない．『数学入門』には載っていない証明になるが，本連載で紹介することに意義があると信じている．公式Cについては『数学入門』でも扱われている．『数学入門』での公式Cについては，この連載で改めて考察する予定である．

本節の前半では，円の面積の循環論法「公式A ⇒ 公式B ⇒ 公式C ⇒ 公式A」を，二段階に分けて確認する（問題3.2.1，問題3.2.4）．

●問題 3.2.1（円についての循環論法（その1））

C を半径が $r(r>0)$ の円とし，C の面積を s, C の周長を l とする．以下の命題（0）〜（3）に対して，（0）と「（3）⇒（1）」「（1）⇒（2）」「（2）⇒（3）」を証明せよ．

（0） 半径が r の扇形の面積が $st\left(0<t<\dfrac{1}{4}\right)$ のとき，

$$\frac{r^2}{2}\sin\frac{lt}{r}<st<\frac{r^2}{2}\tan\frac{lt}{r}.$$

（1） 半径が r の扇形の面積が $st\left(0<t<\dfrac{1}{4}\right)$ のとき，

$$r\sin\frac{lt}{r}<lt<r\tan\frac{lt}{r}.$$

（2） $$\lim_{t\to 0+0}\frac{r}{lt}\sin\frac{lt}{r}=1.$$

（3） 公式A： $s=\dfrac{rl}{2}$.

（0）は扇形の面積 st の評価式であり，（1）は扇形の弧長 lt の評価式である．（0）の不等式がほとんど自明であるにもかかわらず，（1）の不等式の右側の「<」がけっして自明ではない，ということに注意していただきたい．

●解答 3.2.2（問題3.2.1の解答）

（0）の証明．半径が r で面積が st の扇形を扇形 OAB だとし，図3Bのように点 A', B' を定める．このとき，

$$\text{弧 } AB \text{ の長さ} = lt,$$

$$\text{角 } AOB \text{ の大きさ} = \frac{lt}{r},$$

$$\text{線分 } A'B \text{ の長さ} = r\sin\frac{lt}{r},$$

$$\text{線分 } AB' \text{ の長さ} = r\tan\frac{lt}{r}$$

となる．ゆえに，

$$\text{三角形 } OA'B \text{ の面積} = \frac{r^2}{2}\sin\frac{lt}{r},$$

$$\text{三角形 } OAB' \text{ の面積} = \frac{r^2}{2}\tan\frac{lt}{r}$$

がわかる．さらに，三角形 $OA'B$，扇形 OAB，三角形 OAB' の包含関係により

$$\frac{r^2}{2}\sin\frac{lt}{r}<st<\frac{r^2}{2}\tan\frac{lt}{r}$$

がわかる．

「（3）⇒（1）」の証明．（0）と（3）から

$$\frac{r^2}{2}\sin\frac{lt}{r}<\frac{rlt}{2}<\frac{r^2}{2}\tan\frac{lt}{r}$$

がわかり，（1）がわかる．

「（1）⇒（2）」の証明．（1）から

$$\cos\frac{lt}{r}<\frac{r}{lt}\sin\frac{lt}{r}<1$$

がわかる．この不等式と

$$\lim_{t\to 0+0}\cos\frac{lt}{r}=1$$

により，（2）がわかる．

「（2）⇒（3）」の証明．（0）から

$$\frac{rl}{2}\frac{r}{lt}\sin\frac{lt}{r}<s<\frac{rl}{2}\frac{r}{lt}\sin\frac{lt}{r}\Big/\cos\frac{lt}{r}$$

がわかる．この不等式と（2）と

$$\lim_{t\to 0+0}\cos\frac{lt}{r}=1$$

により，（3）がわかる．

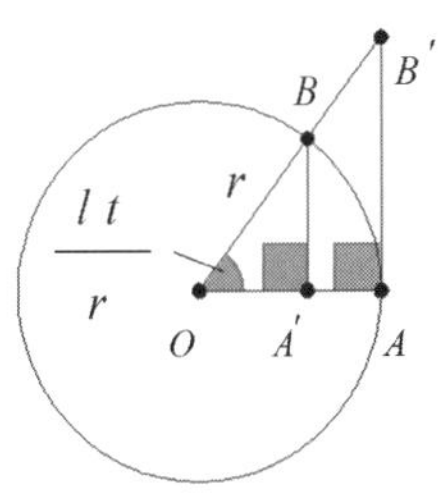

図 3B （面積が s で周長が l の円，面積が st で弧長が lt の扇形）

ところで，小学生に円についての公式

A: 面積 = 半径 × 周長 ÷2

を説明をするときには，つぎの説明やそれに近い説明をすることが多いようだ．

●説明 3.2.3（公式 A の小学生向け説明）

n が巨大な自然数だとする．円を n 個の合同な扇形に分割して並べ替えることで，

横の長さ = 円の半径，

縦の長さ = 円の周長 ÷2

の長方形と見なすことができる（図 3C）．ゆえに，

円の面積 = 長方形の面積

= 円の半径 × 円の周長 ÷2

である．

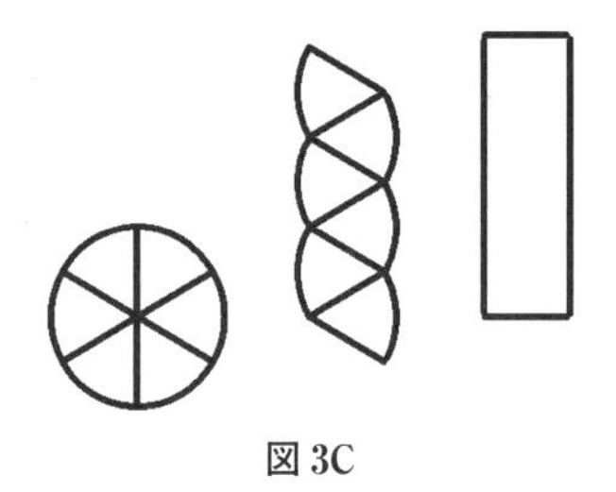

図 3C

この説明をどことなく胡散臭く感じる，という大人が多いことだろう．大人よりも小学生のほうがそう感じそうな気もする．では，その胡散臭さの原因はどこにあるのだろうか．

この説明の近似評価を厳密化すると，先述の循環論法「（3）公式 A ⇒（1）⇒（2）⇒（3）公式 A」に行き着くように思われる．だとしたら，胡散臭さの原因は，近似評価ではなく，循環論法にあるのではないだろうか．

循環論法を構成する命題たちは同値である．「同値」ということは「論理的な深さが同じ」「自明さや非自明さの度合いが同じ」ということである．くだんの胡散臭さは「（1）の円弧の長さの話と（3）の円の面積の話では自明さの度合いが同じ」という事実に起因しているのかもしれない．

さて，（1），（2），（3）公式 A は，つぎの（2′）公式 B，（2″）公式 C とも同値になる．このことを確認しておこう．

●問題 3.2.4（円についての循環論法（その 2））

C を半径が $r(r>0)$ の円とし，C の面積を s，C の周長を l とする．問題 3.2.1 の（2），（3）と以下の命題（2′），（2″）に対して．「（2）⇒（2′）」「（2′）⇒（2″）」「（2″）⇒（3）」を証明せよ．

（2′）　公式 B: $\displaystyle\lim_{\theta\to 0}\frac{\sin\theta}{\theta}=1.$

（2″）　公式 C: $\displaystyle\frac{d\sin\theta}{d\theta}=\cos\theta.$

●解答 3.2.5（問題 3.2.4 の解答）

「（2）⇒（2′）」の証明．（2）により

$$\lim_{\theta\to 0+0}\frac{\sin\theta}{\theta}=\lim_{\theta\to 0+0}\frac{r}{l\frac{r\theta}{l}}\sin\frac{l\frac{r\theta}{l}}{r}=1,$$

$$\lim_{\theta\to 0-0}\frac{\sin\theta}{\theta}=\lim_{\theta\to 0-0}\frac{r}{l\frac{-r\theta}{l}}\sin\frac{l\frac{-r\theta}{l}}{r}=1$$

がわかる．ゆえに，（2′）である．

「（2′）⇒（2″）」の証明．（2′）により，（2″）が

$$\begin{aligned}\frac{d\sin\theta}{d\theta}&=\lim_{\varphi\to\theta}\frac{\sin\varphi-\sin\theta}{\varphi-\theta}\\&=\lim_{\varphi\to\theta}\frac{2\cos\frac{\varphi+\theta}{2}\sin\frac{\varphi-\theta}{2}}{\varphi-\theta}\\&=\lim_{\varphi\to\theta}\cos\frac{\varphi+\theta}{2}\times\frac{\sin\frac{\varphi-\theta}{2}}{\frac{\varphi-\theta}{2}}\\&=(\cos\theta)\times 1=\cos\theta\end{aligned}$$

と示される．

「（2″）⇒（3）」の証明．円 C を座標平面に置いて，円 C の中心が原点 $(0,0)$ となるようにする．そして，円 C の右半分を C' とし，半円 C' 上の点 $(\sqrt{r^2-y^2},y)(-r\le y\le r)$ と角 $\theta\left(\frac{-l}{4r}\le\theta\le\frac{l}{4r}\right)$ を等式

$$(\sqrt{r^2-y^2},y)=r(\cos\theta,\sin\theta)$$

で一対一に対応させる（「円関数としての三角関数」の考え方）．（2″）により $\dfrac{dy}{d\theta}=r\cos\theta$ がわかるので，（3）が

$$\begin{aligned}s&=2\int_{-r}^{r}\sqrt{r^2-y^2}\,dy\\&=2\int_{\frac{-l}{4r}}^{\frac{l}{4r}}\sqrt{r^2-(r\sin\theta)^2}\,\frac{dy}{d\theta}d\theta\\&=2r^2\int_{\frac{-l}{4r}}^{\frac{l}{4r}}\cos^2\theta\,d\theta\end{aligned}$$

$$= r^2\int_{\frac{-l}{4r}}^{\frac{l}{4r}}(\cos^2\theta+\sin^2\theta)d\theta$$

$$= r^2\int_{\frac{-l}{4r}}^{\frac{l}{4r}}1dt = r^2\frac{l}{2r} = \frac{rl}{2}$$

と示される．

問題3.2.1と問題3.2.4により，「(3)公式A⇒(1)⇒(2)⇒(2′)公式B⇒(2″)公式C⇒(3)公式A」の循環論法が確認できたことになる．

ところで私は，数学書で循環論法に出合うときには「循環論法は必ずしも悪循環ではない」と意識するように心がけている(若かりし日に何度も読んだ文献[3.3]の影響)．

循環論法を構成するおのおのの命題は，他の命題から循環論法への入口でありうるし，循環論法から他の命題への出口でありうる．循環論法を特徴づけるのは，循環論法の内部の命題(循環論法の構成命題)たちの関係性であり，循環論法の内部の命題と循環論法の外部の命題の関係性である．

さて，本節の後半では，公式Aが循環論法「公式A⇒公式B⇒公式C⇒公式A」への入口となっていることを紹介する．公式Aが，公式Bや公式Cを前提とせずに，初等的に証明できることを紹介する．

●**定理 3.2.6**(円の面積と周長の関係)

円についての公式

A:　面積 = 半径×周長÷2

が成立する．

●**証明 3.2.7**(定理3.2.6の初等的証明の概要)

Cを半径が$r(r>0)$の円とし，$\underline{P}(2^n)$をCの内接正2^n角形，$\overline{P}(2^n)$をCの外接正2^n角形とする．そして，任意の凸多角形Qに対して，Qの面積を$s(Q)$，Qの周長を$l(Q)$と書くことにする(凸多角形の面積，周長については既知とする)．

以下では，Cの面積$s(C)$を定義して等式

S:　$\lim_{n\to\infty} s(\underline{P}(2^n)) = s(C) = \lim_{n\to\infty} s(\overline{P}(2^n))$

を示し，Cの周長$l(C)$を定義して等式

L:　$\lim_{n\to\infty} s(\underline{P}(2^n)) = \frac{r}{2}l(C) = \lim_{n\to\infty} s(\overline{P}(2^n))$

を示す．等式S，Lにより

$$s(C) = \frac{r}{2}l(C)$$

が結論できる．

まず，等式Sについて．

任意のn, Cの任意の内接多角形Qに対して

$$s(Q) \le s(\overline{P}(2^n))$$

となる．この不等式を踏まえて，Cの面積$s(C)$を

Cの任意の内接多角形Qに対して$s(Q) \le s'$

となるような最小の実数s'と定義する．このとき，任意のnに対して

$$s(\underline{P}(2^n)) \le s(\underline{P}(2^{n+1}))$$
$$\le s(C) \le s(\overline{P}(2^{n+1})) \le s(\overline{P}(2^n)),$$

S′:　$s(\overline{P}(2^{n+1}))-s(\underline{P}(2^{n+1}))$

$$\le \frac{1}{3}\{s(\overline{P}(2^n))-s(\underline{P}(2^n))\}$$

となる．したがって，$\lim_{n\to\infty} s(\underline{P}(2^n))$, $\lim_{n\to\infty} s(\overline{P}(2^n))$が存在して，等式Sが成立する(極限値の存在を保証してくれる不等式S′だが，初等幾何学の範囲で証明できる)．

つぎに，等式Lについて．

任意のn, Cの任意の内接多角形Qに対して

L′:　$l(Q) \le l(\overline{P}(2^n))$

となる(ついつい自明視してしまいそうな不等式L′だが，初等幾何学の範囲で厳密に証明できる)．この不等式を踏まえて，Cの周長$l(C)$を

Cの任意の内接多角形Qに対して$l(Q) \le l'$

となるような最小の実数l'と定義する．このとき，任意のnに対して

$$s(\underline{P}(2^n)) \le \frac{r}{2}l(\underline{P}(2^n))$$

$$\le \frac{r}{2}l(C) \le \frac{r}{2}l(\overline{P}(2^n)) \le s(\overline{P}(2^n))$$

となる．したがって，等式Lが成立する．

概要だけなのに長くなったが，この証明のキーは不等式S′，L′である．これらの不等式の証明は読者へゆだねるが，必要に応じて文献[3.2]などを参考にしていただきたい．

現代の微分積分学に馴染みのある読者は，上記証明における円の面積の定義に，違和感を持たれたかもしれない．おそらく，円の面積は「内接多角形の面積の最小上界と外接多角形の面積の最大

下界が一致するときの一致する値」として定義するのがスタンダードな方法だろう．だが上記証明では，円の周長を「内接多角形の長さの最小上界」として定義したのをまねて，円の面積を「内接多角形の面積の最小上界」として定義してみた．

公式Aの初等的証明については以上である．公式Cについての入試問題を記載して，本節を終えることにする．

●**問題 3.2.8**(2013年の大阪大学の入学試験問題)

三角関数の極限に関する等式

$$\lim_{x\to 0}\frac{\sin x}{x}=1$$

を示すことにより，$\sin x$ の導関数が $\cos x$ であることを証明せよ．

東京大学の前節の問題や大阪大学のこの問題に対しては，入試問題として不適切だという批判も少なくなかったようだ．これらの問題は，もちろん受験生への問いかけであるが，受験生以外の高校生や高校生へ教える先生への問いかけでもあったのではないだろうか．じつは前節と本節は，大学からの二つの問いかけに対する，私なりの回答にもなっている．遠山が二つの問題の出現まで健在だったとしたら，どう反応していたただろうか．

3.3節　三角関数であらわされる楕円

本節では，楕円を方程式で表現する方法を3通り紹介し(定義3.3.1の E, F, G)，パラメータで表現する方法を2通り紹介する(定義3.3.1の E', F')．そして，5通りの方法が同値であることを確認する(問題3.3.2，問題3.3.4)．なお，5通りのうちの3通りについては『数学入門』に記載がある(F, G, F' については下巻の53，54，113頁に記載がある)．

楕円をパラメータで表現する際には三角関数が使われる．前節には「円関数としての三角関数」が登場したが，本節には「楕円関数としての三角関数」が登場することになる！　ただし，数学の正式な術語としての「楕円関数」は，今書いた「楕円関数」とは別物なので注意していただきたい．

本節の内容の多くは，次節以降で火星の楕円軌道を分析する際に使われる．つぎの定義に定点 S と動点 M が出てくるが，これらの名称(アルファベット)は the sun と Mars の頭文字から付けた．

●**定義 3.3.1**(楕円の定義，3種類の方程式による定義，2種類のパラメータによる定義)

$a\geq b>0$ だとし，$c=\sqrt{a^2-b^2}$ と置く．そして，点 A, A', B, B', C, S, S' を

$$A(a-c,0),\quad A'(-a-c,0),$$
$$B(-c,b),\quad B'(-c,-b),$$
$$C(-c,0),\quad S(0,0),\quad S'(-2c,0)$$

と定める．

動点 $M(x,y)$ に関する条件

$$E:\ \left(\frac{x+c}{a}\right)^2+\left(\frac{y}{b}\right)^2=1,$$

$$F:\ a\sqrt{x^2+y^2}=b^2-cx,$$

$$G:\ \sqrt{x^2+y^2}+\sqrt{(x+2c)^2+y^2}=2a,$$

E':　ある φ に対して

$$(x,y)=(-c+a\cos\varphi,\ b\sin\varphi),$$

F':　ある θ に対して

$$(x,y)=\frac{b^2}{a+c\cos\theta}(\cos\theta,\sin\theta)$$

は同値になる(問題3.3.2，3.3.4で証明する)．これらの条件をみたす動点 M の集合 Γ は，3種類の方程式 E, F, G で表現される曲線であり，2種類のパラメータ φ, θ で表現される曲線である．Γ は，点 A, B, A', B' を通り点 C, S, S' を通らない曲線になる(図3D)．

曲線 Γ を「中心が点 C で長径(長半径)が a で短径(短半径)が b の楕円」「焦点が S, S' で離心率が $\dfrac{c}{a}$ の楕円」などと呼ぶ．Γ と合同な曲線に対

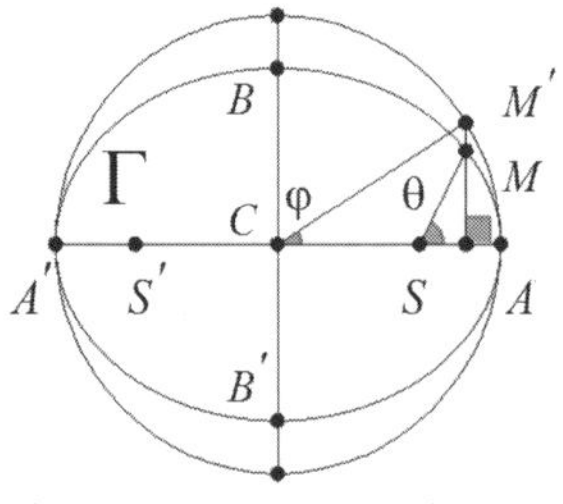

図3D　($\overrightarrow{CM'}=a(\cos\varphi,\sin\varphi), \overrightarrow{SM}=r(\cos\theta,\sin\theta)$)

しても同様の言葉を使う．

離心率が $0(c=0)$ の場合の楕円 Γ が「中心が $C(=S=S')$ で半径が $a(=b)$ の円」となっていることに注意．離心率が 0 以外 $(c \neq 0)$ の場合の楕円 Γ は「焦点が S で準線が $x=\dfrac{b^2}{c}$ で離心率が $\dfrac{c}{a}$ の楕円」と呼ばれることもある．

楕円 Γ の方程式 E, F, G による表現について，少しコメントをする．

方程式 E を幾何学的に解釈することで，楕円 Γ を「点 C を中心とする単位円を，点 C を中心として x 軸方向 a 倍させ，さらに y 軸方向に b 倍させたときの曲線」として図示することができる．この図示の仕方からは，Γ の面積が πab ということが明らかになる（Γ の周長の計算はむずかしい）．

また，方程式 F, G を幾何学的に解釈することで，楕円 Γ を図示することもできる．本節の最後の問題では，具体的な a, b, c に対して Γ を図示することになる．

楕円 Γ のパラメータ φ, θ による表現についても，少しコメントをする．

次節以降での火星の楕円軌道の分析では，これらの表現がどちらも活躍することになる．φ による表現は，楕円軌道の法則の検証と関係するし（3.5 節），θ による表現は，楕円軌道の法則（と面積速度一定の法則）からの万有引力の法則の証明で使われる（3.6 節）．

さて，以下では，5 個の条件 E, F, G, E', F' が同値であることを二つの問題で確認し，楕円や放物線や双曲線を最後の問題で図示する．

●問題 3.3.2（方程式であらわされる楕円）

$a \geq b > 0$ だとし，$c=\sqrt{a^2-b^2}$ と置く．動点 $M(x, y)$ に関する条件 E, F, G（定義 3.3.1）に対して，「$E \Leftrightarrow F$」「$F \Leftrightarrow G$」を証明せよ．

●解答 3.3.3（問題 3.3.2 の解答）

「$E \Leftrightarrow F$」の証明．

$$E \Leftrightarrow a\sqrt{x^2+y^2} = |b^2-cx|$$

が容易に証明できる．したがって，

$$a\sqrt{x^2+y^2} \neq cx-b^2$$

が確認できればよい，ということになる．この「$\neq$」は，以下の不等式により確認できる：

$$a\sqrt{x^2+y^2} \geq a|x| \geq c|x| \geq cx > cx-b^2.$$

「$F \Leftrightarrow G$」の証明．

$$F \Leftrightarrow \sqrt{(x+2c)^2+y^2} = |2a-\sqrt{x^2+y^2}|$$

が容易に証明できる．したがって，

$$\sqrt{(x+2c)^2+y^2} \neq \sqrt{x^2+y^2}-2a$$

が確認できればよい，ということになる．この「$\neq$」は，以下の不等式により確認できる（最後の「$\geq$」は三角不等式による）：

$$\begin{aligned}&\sqrt{(x+2c)^2+y^2}+2a \\ &> \sqrt{(x+2c)^2+y^2}+2c \geq \sqrt{x^2+y^2}.\end{aligned}$$

上記解答では二つの「$\neq$」の確認を二つの「$>$」の確認に帰着させている．二つの「$>$」については，『数学入門』の読書会で楕円を題材にしたときにも紹介したのだが，じつは二つ目の「$>$」は，自分ひとりでは確認できなかった．恥ずかしい話だが，読書会の直前に水谷一氏（もう一人の読書会講師）から「三角不等式が使えるのでは」のひとことを聞くまでに，けっこうな時間を浪費してしまった．

自己弁護をすると，読書会で扱った題材（問題 3.3.6（3）の類題）では a, b, c が具体的な数値だったために本質が見えにくかったのだろうし，会の開始時間が迫ってきて焦っていたために頭が空回りしていたのだろう．しかし真相は，不等式の証明（十分条件を論拠とする主張）は等式の証明（必要十分条件を論拠とする主張）よりもむずかしい，ということだと思う．日常生活での証明（主張）はほとんどが前者だろうから，数学教育ではもっと前者を重視すべきかもしれない．

●問題 3.3.4（パラメータであらわされる楕円，三角関数であらわされる楕円）

$a \geq b > 0$ だとし，$c=\sqrt{a^2-b^2}$ と置く．動点 $M(x, y)$ に関する条件 E, F, E', F'（定義 3.3.1）に対して，「$E \Leftrightarrow E'$」「$F \Leftrightarrow F'$」を証明せよ．

●解答 3.3.5（問題 3.3.4 の解答）

「$E \Leftrightarrow E'$」の証明．「円関数としての三角関数」の考え方により，以下の同値変形ができる：

$E \Leftrightarrow$ ある $(r, \varphi)(r>0)$ に対して

$$\begin{cases} \left(\dfrac{x+c}{a}, \dfrac{y}{b}\right) = r(\cos\varphi, \sin\varphi) \\ \left(\dfrac{x+c}{a}\right)^2 + \left(\dfrac{y}{b}\right)^2 = 1 \end{cases}$$

$\Leftrightarrow$ ある $(r, \varphi)(r > 0)$ に対して

$$\begin{cases} \left(\dfrac{x+c}{a}, \dfrac{y}{b}\right) = r(\cos\varphi, \sin\varphi) \\ (r\cos\varphi)^2 + (r\sin\varphi)^2 = 1 \end{cases}$$

$\Leftrightarrow$ ある $(r, \varphi)(r > 0)$ に対して

$$\begin{cases} (x, y) = (-c + ar\cos\varphi, br\sin\varphi) \\ r = 1 \end{cases}$$

$\Leftrightarrow E'$.

「$F \Leftrightarrow F'$」の証明.「円関数としての三角関数」の考え方により，以下の同値変形ができる：

$F \Leftrightarrow$ ある $(r, \theta)(r > 0)$ に対して

$$\begin{cases} (x, y) = r(\cos\theta, \sin\theta) \\ a\sqrt{x^2+y^2} = b^2 - cx \end{cases}$$

$\Leftrightarrow$ ある $(r, \theta)(r > 0)$ に対して

$$\begin{cases} (x, y) = r(\cos\theta, \sin\theta) \\ a\sqrt{(r\cos\theta)^2 + (r\sin\theta)^2} = b^2 - c(r\cos\theta) \end{cases}$$

$\Leftrightarrow$ ある $(r, \theta)(r > 0)$ に対して

$$\begin{cases} (x, y) = r(\cos\theta, \sin\theta) \\ r = \dfrac{b^2}{a + c\cos\theta} \end{cases}$$

$\Leftrightarrow F'$.

楕円を定義する5個の条件が同値であることの確認は以上である.

楕円や放物線や双曲線は,「二次曲線」や「円錐曲線」として統一的に取り扱うことができる.「二次曲線」や「円錐曲線」については，今回は特に説明はしないが，上の二つの問題やつぎの問題や『数学入門』などを参考にしていただきたい．なお，つぎの問題の E_0, E_0' のグラフは，$a = 8, b = 4\sqrt{3}, c = 4$ の場合の楕円 Γ(定義 3.3.1)と同一の図形になる.

●問題 3.3.6(楕円・放物線・双曲線のグラフ)

（1） 方程式

E_0: $\sqrt{x^2+y^2} = 6 - \dfrac{1}{2}x$,

E_1: $\sqrt{x^2+y^2} = \dfrac{1}{2}x - 6$,

P_0: $\sqrt{x^2+y^2} = 6 - 1x$,

P_1: $\sqrt{x^2+y^2} = 1x - 6$,

H_0: $\sqrt{x^2+y^2} = 6 - 2x$,

H_1: $\sqrt{x^2+y^2} = 2x - 6$

のグラフを描け.

（2） 方程式

E_0': $\sqrt{x^2+y^2} = 16 - \sqrt{(x+8)^2 + y^2}$,

H_0': $\sqrt{x^2+y^2} = \sqrt{(x-8)^2 + y^2} - 4$,

H_1': $\sqrt{x^2+y^2} = 4 - \sqrt{(x-8)^2 + y^2}$

のグラフを描け.

（3）「E_0 のグラフと E_0' のグラフが一致すること」「H_0 のグラフと H_0' のグラフが一致すること」「H_1 のグラフと H_1' のグラフが一致すること」を証明せよ.

●解答 3.3.7(問題 3.3.6 の略解,（3）の解答は省略)

（1） 方程式 E_1, P_1 は実数解をもたない．方程式 E_0, P_0, H_0, H_1 のグラフは図 3E のようになる(図での線と線の間隔は 1).

（2） 方程式 E_0' のグラフは図 3F のようになり，方程式 H_0', H_1' のグラフは図 3G のようになる(図での線と線の間隔は 1).

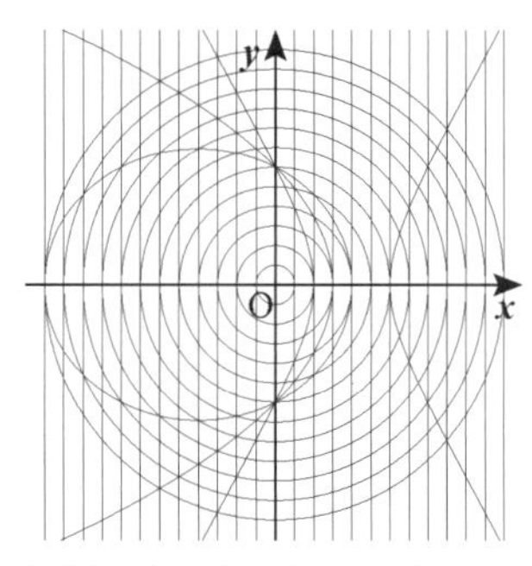

図 3E (E_0, P_0, H_0, H_1 のグラフ)

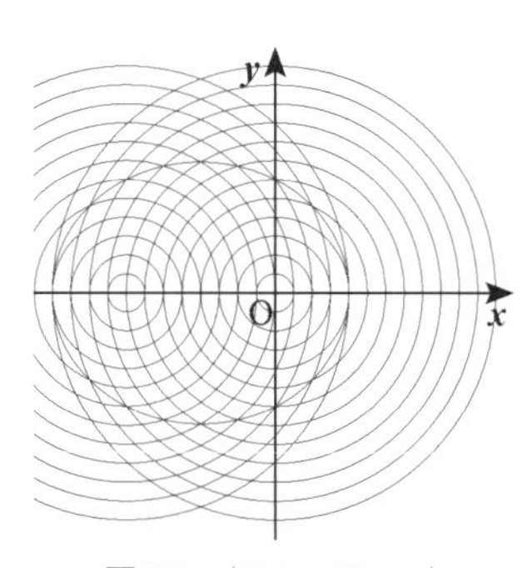

図 3F (E_0' のグラフ)

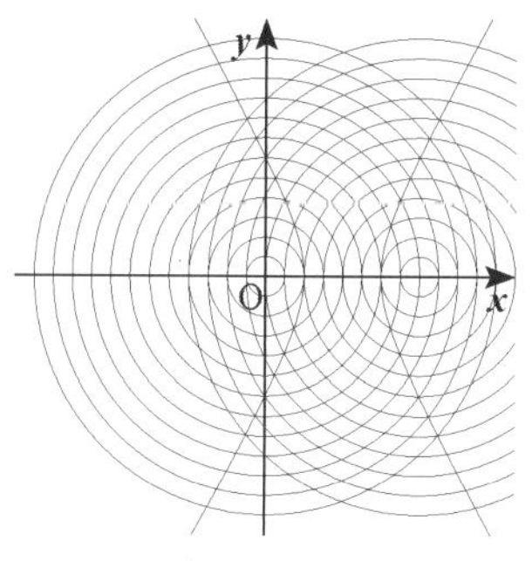

図 3G　(H_0', H_1' のグラフ)

3.4 節　ケプラーからニュートンへ

遠山は『数学入門』の「はしがき」でこう述べている：《20 世紀後半の世界に活動する日本人に必要な数学として，私は一応「微分方程式まで」という線を引いてみた.》

そして，微分方程式について書かれた最終章において，ケプラーの積分方程式(楕円軌道の法則)からニュートンの微分法則(加速度・力の逆二乗の法則)を導いている．長くなるが，その一節を以下に引用する．前節での $\frac{b^2}{a}\left(\frac{b^2}{a}>0\right)$, $\frac{c}{a}\left(1>\frac{c}{a}\geq 0\right)$ が引用部分での a, e に相当することに注意.

●引用 3.4.1(文献［3.0］下巻 215～219 頁，図版は省略，冒頭の「彼」は「ケプラー」，末尾の 2 か所の「(＝…)」は途中計算の省略)

《彼の師ティホ・ブラーヘ(1546-1601)が貯えていたおびただしい実験材料のなかから彼は二つの法則を公式化して，それを 1609 年に「火星の運動について」という論文のなかで発表した.

第一の法則はつぎのようなものであった.

「すべての遊星は太陽を焦点とするある長円にそって動く.」

ここではじめて天文学に長円(楕円)が現われてきたのであった．それまではトレミーからコペルニクスに至るまで，円と円の組合わせによってできる曲線だけが星の軌道と考えられてきたのである.

第二の法則はつぎのようにのべられる.

「一定時間に太陽と遊星を結ぶ直線のなぞる面積は一定である.」

というのである.

この法則は面積速度一定の法則といわれている．だからこの法則によると大たい太陽に近づいてくると速度ははやくなり，遠ざかるとおそくなることがわかる.

ティホ・ブラーヘはまるで忠実な蜜蜂のようにぼう大な実験材料を蓄積しておいてくれたが，それらの材料のなかにどのような法則がかくされているかは気付かなかった．そのなかにひそんでいる法則を探り当てるにはケプラーの天才的な閃きとたゆみない忍耐力が両方とも必要であった.

ケプラーの二つの法則を数式のコトバにほんやくしてみよう．第一の法則は遊星の軌道の形に関するもので，どのような速度で動いているかは第二の法則で示されている.

焦点を中心とする極座標 (r, θ) で長円をかき表わせば

$$r=\frac{a}{1+e\cos\theta}$$

となる(第 XI 章 113 ページ).

第二の法則はつぎのようになる.

角が $\Delta\theta$ だけ変化したときの面積は細長い三角形に近いから $\frac{1}{2}r^2\Delta\theta$ になる．Δt 時間内に $\Delta\theta$ 動くとして極限をとれば面積速度 A はつぎのようになる.

$$A=\frac{1}{2}r^2\frac{d\theta}{dt}\quad(\text{一定})$$

ケプラーの二つの法則は以上二つの式で表わされたわけである.

この二つの式からいわゆるニュートンの万有引力の法則を導き出すことができる.

その準備として r と θ を使って速度と加速度をかき直してみよう.

(略)

$$x=r\cos\theta,\quad y=r\sin\theta$$

(略)

時間 t で微分すると

(略)

さらにもういちど t で微分すると

(略)

加速度は焦点の太陽の方向に向う $\dfrac{d^2r}{dt^2}-r\left(\dfrac{d\theta}{dt}\right)^2$ と垂直方向の $2\dfrac{dr}{dt}\dfrac{d\theta}{dt}+r\dfrac{d^2\theta}{dt}$ を合わせたものになっている．

（略）

$$2\frac{dr}{dt}\frac{d\theta}{dt}+r\frac{d^2\theta}{dt}\ (=\cdots)=0$$

（略）

$$\frac{d^2r}{dt^2}-r\left(\frac{d\theta}{dt}\right)^2\ (=\cdots)=-\frac{4A^2}{ar^2}$$

つまり，焦点の方向の加速度は太陽と遊星の距離 r の 2 乗に反比例していることがわかる．

ニュートンの定義によると力と加速度は比例するから，結局，遊星を引く太陽の引力は距離の 2 乗に反比例することが結論として出てきたのである.》

ケプラーが二つの法則をどう発見したかについては，上の引用に「天才的な閃きとたゆみない忍耐力が両方とも必要」との記述があるが，残念ながら『数学入門』には具体的な記述がない．そこで，第一の法則の発見について，3.5 節で具体的に紹介することにする．また，上の引用で省略した途中計算について，3.6 節で詳説することにする．

以下では，上の引用の要約をおこなう．

太陽（定点）S の位置を原点 $(0,0)$，火星（動点）M の位置を点 (x,y) とする．適切な座標設定のもとでは，ケプラーの第一の法則により，(x,y) を

$$\begin{cases}(x,y)=r(\cos\theta,\sin\theta)\\ r=\dfrac{a}{1+e\cos\theta}\end{cases}$$

と極座標表示できる（a は $a>0$ をみたす定数，e は $1>e\geq 0$ をみたす定数，角 θ は時間 t の関数）．また，火星の太陽に対する面積速度

$$A=\frac{1}{2}r^2\frac{d\theta}{dt}\quad(\neq 0)$$

は，ケプラーの第二の法則により，定数になる．

これらを前提にして火星の加速度を計算すると，

$$\left(\frac{d^2x}{dt^2},\frac{d^2y}{dt^2}\right)=\cdots$$

$$=\left\{\frac{d^2r}{dt^2}-r\left(\frac{d\theta}{dt}\right)^2\right\}(\cos\theta,\sin\theta)$$
$$+\left\{2\frac{dr}{dt}\frac{d\theta}{dt}+r\frac{d^2\theta}{dt}\right\}(-\sin\theta,\cos\theta)$$
$$=\cdots=-\frac{4A^2}{ar^2}(\cos\theta,\sin\theta)$$

となる．つまり，「火星の加速度は，距離 r の 2 乗に反比例する大きさで，太陽に向いている」ということになる（加速度の逆二乗の法則）．さらに，このこととニュートンの運動の法則により，「火星は，距離 r の 2 乗に反比例する大きさの力で，太陽から引かれている」ということになる（万有引力の法則，力の逆二乗の法則）．

ニュートンは『プリンキピア』の中で，ケプラーの二つの法則を前提にして，万有引力の法則を証明している．ニュートンの証明は，初等幾何学の巧みな議論と極限の考え方を使うものであり，自身が発見した微分積分法を使うものではない（引用 3.4.1 の証明とはまったくの別物である）．ニュートンの証明については，文献 [3.4] などで学ぶことができる．

ところで，本節の冒頭で『数学入門』の「はしがき」の一文を引いたが，それにつづく一文はこうでる：《たしかに微分方程式までの知識が日本人の常識になったら，それはすばらしいことであろうと思う.》

私は，微分法則や積分法則についての知識が万人の常識になってほしいとは思わないが，これらの法則についての素朴な感覚が万人の常識になってほしいとは思う．

2011 年に原発事故が起こってからしばらく経ったころ，メディア上の「正しく恐れる」という言葉が何度か気になった．この連載は原発やその言葉の是非を論じる場ではないが，ひとことだけ，「正しく恐れる」ためには微分法則や積分法則についての素朴な感覚が必要であろうことを記しておきたい．微分計算や積分計算の技術は身についているのに，微分法則や積分法則についての素朴な感覚は全然身についていない，という人が大勢いる国は寂しい国だと思う．

3.5節　ケプラーの楕円軌道の法則

本節では，ケプラーが楕円軌道の法則(引用3.4.1の第一の法則)を発見したときの思考過程を，いくらか単純化して紹介する．おもな参考文献は［3.5］と［3.6］であるが，本節での紹介のなかに，史実についての誤解があったり，過度の単純化によるケプラーの思考の矮小化があったりしたら，当然のことながら，それは私の責任である．

思考過程の紹介の前に，少し準備をおこなう．

●問題 3.5.1(ケプラーが楕円軌道の法則の検証で使った条件)

$a \geq b > 0$ だとし，$c = \sqrt{a^2 - b^2}$ と置く．動点 $M(x, y)$ に関する条件 E'(定義 3.3.1)とつぎの条件 K に対して，「$E' \Leftrightarrow K$」を証明せよ：

K:　ある φ に対して

$$\begin{cases} x = -c + a\cos\varphi \\ |(x, y)| = a - c\cos\varphi \end{cases}$$

●解答 3.5.2(問題 3.5.1 の解答)

動点 $M(x, y)$ に関する条件

E'':　ある φ に対して

$$(x, y) = (-c + a\cos\varphi, \pm b\sin\varphi)$$

を考える．

$$(-c + a\cos\varphi, -b\sin\varphi) = (-c + a\cos(-\varphi), b\sin(-\varphi))$$

なので，「$E' \Leftrightarrow E''$」である．

「$E'' \Leftrightarrow K$」の証明．$x = -c + a\cos\varphi$ のもとで，

$$|(x, y)| = a - c\cos\varphi \Leftrightarrow y = \pm b\sin\varphi$$

が容易に確認できる．このことにより，「$E'' \Leftrightarrow K$」が証明できる．

ケプラーの時代の天文学では，火星などの惑星の公転軌道は円軌道になるが，太陽の位置は円の中心から少しずれている，という認識だったようだ．しかしケプラーは膨大な観測データにより，軌道が円から少しずれている，ということに気づいたそうだ．そして「天才的な閃き」をきっかけとした考察と「たゆみない忍耐力」による検証作業によって，軌道が楕円である，という法則を発見したようである．

ケプラーの発見過程を以下にまとめてみた．

●発見 3.5.3(楕円軌道の法則の発見，ケプラーの思考過程)

(1)　太陽 S のまわりを公転する火星 M の軌道 Γ' は，座標平面上の図 3H のような曲線になる(実際の軌道はもっと円に近い形である)．ただし，SM の最小値，最大値が $a-c, a+c\,(a > c > 0)$ だとし，点 A, A', B, B', C, S, S' の座標が

$$A(a-c, 0),\quad A'(-a-c, 0),$$
$$B(-c, b),\quad B'(-c, -b),$$
$$C(-c, 0),\quad S(0, 0),\quad S'(-2c, 0)$$

$(a > b > 0)$ だとする(定義 3.3.1 のときと同様)．この時点では $b^2 + c^2 = a^2$ か否かは不明である．

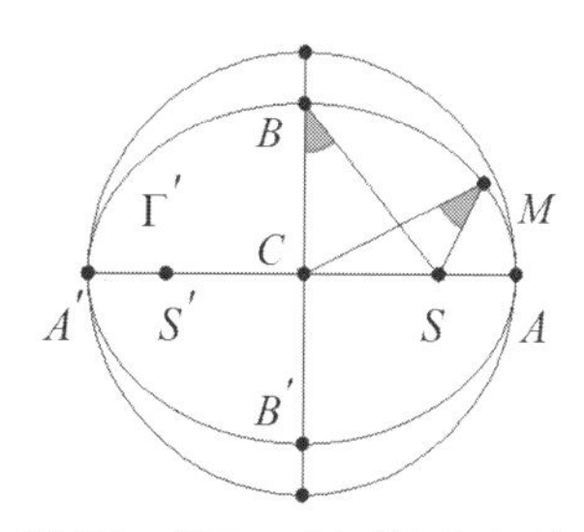

図 3H　($SB = CA$ だろうか？)

(2)　この時点では軌道 Γ' が楕円であるか否かは不明である．Γ' の正確な形状を知りたい．

(3)　手もとに $\angle SMC$ の最大値が $5.3°$ というデータが存在している．とりあえずこの角度に関して，三角関数やその逆数を計算してみよう．

(4)　$\dfrac{1}{\cos 5.3°} = 1.00429$ となった．

(5)　この値は過去に計算した値 $\dfrac{a}{b} = 1.00429$ と一致している！　偶然の一致ではないはずだ！

(6)　$SB = a'$ と置く．$\angle SBC$ が $\angle SMC$ の最大値の $5.3°$ とほぼ等しいから，

$$\frac{a'}{b} = \frac{1}{\cos\angle SBC} \approx \frac{1}{\cos 5.3°} = \frac{a}{b}$$

となる．おそらく $a' = a\,(SB = CA)$ が真実だろう．

(7)　$a' = a$ が真実だとしたら，ピタゴラスの定理(三平方の定理)により $b^2 + c^2 = a'^2 = a^2$ となり，さらに

$$\begin{cases} -c = -c+a\cos 90^\circ \\ |(-c,b)| = a' = a-c\cos 90^\circ \end{cases}$$

となる．つまり，こういうことになる：$a'=a$ だとしたら，火星 $M(x,y)$ が点 $B(-c,b)$ に位置するときに，$\varphi = 90^\circ$ に対して

$$\begin{cases} x = -c+a\cos\varphi \\ |(x,y)| = a-c\cos\varphi \end{cases}$$

となる．

（8）　手もとには軌道 Γ' 上の火星 $M(x,y)$ についての $|(x,y)|$ のデータが膨大に存在している．火星 $M(x,y)$ の位置に関わらず，ある φ に対して

$$\begin{cases} x = -c+a\cos\varphi \\ |(x,y)| = a-c\cos\varphi \end{cases}$$

となるのだろうか？　つまり，火星 $M(x,y)$ の位置に関わらず，条件 K(問題 3.5.1)が満たされているのだろうか？　データを使って検証してみよう．

（9）　地道な検証作業が終わった．予想どおりに，火星 $M(x,y)$ の位置に関わらず，条件 K が満たされていた．

(10)　火星 $M(x,y)$ の軌道 Γ' が「中心が点 C で長径が a で短径が b の楕円」「焦点が S,S' で離心率が $\dfrac{c}{a}$ の楕円」(定義 3.3.1) だということを，条件 K を前提にして，数学的に証明してみよう．

ケプラーの発見過程は以上である．

（5）で過去に計算した値を覚えていたことや，（6）から（7），（8）への思考の流れが，驚異的だと思う．（9）の地道な検証作業にも感心させられる．たしかに，「天才的な閃きとたゆみない忍耐力が両方とも必要」(引用 3.5.1) な奇跡的な発見過程である．

軌道が楕円になることの数学的証明は，実際には（8），（9）あたりでおこなわれていたかもしれないが，ここでは (10) としておいた．ケプラーがおこなった数学的証明は，現代から見ると回りくどいものだったようだ．しかしこのことは，楕円の定義や性質が整理されていなかった時代の話なので，仕方のないことであろう．というより，整理されていなかった時代なのに，見通しの悪い道の先に真実があると信じて突き進んだケプラーが，偉大だったということであろう．

3.6 節　ニュートンの逆二乗の法則

本節では，引用 3.4.1 で省略した途中計算を，問題形式で補充する．その計算は，『数学入門』では虚数単位 $i(i^2=-1)$ やオイラーの公式 $(e^{i\theta} = \cos\theta + i\sin\theta)$ を前面に出した計算となっているが，本節では直交する 2 次単位ベクトル $(\cos\theta, \sin\theta), (-\sin\theta, \cos\theta)$ にこだわった計算とする．虚数単位やオイラーの公式を使うほうが記述は見やすくなるが，これらに馴染みのない(しかし微分法には馴染がある)高校生にも読んでいただきたいからである．どちらの記述でも，実質的な計算はほとんど同じになる．

本節では，今回の 3.3 節までの流れにのっとって，引用 3.4.1 での

$$r = \frac{1}{1+e\cos\theta}$$

の代わりに

$$r = \frac{b^2}{a+c\cos\theta}$$

を用いる(引用 3.4.1 の直前の注意を参照)．また，引用 3.4.1 での

$$A = \frac{1}{2}r^2\frac{d\theta}{dt} \quad (\neq 0)$$

の代わりに

$$B = r^2\frac{d\theta}{dt} \quad (\neq 0)$$

を用いる．A は「面積速度」と呼ばれていたが，$B=2A$ は現代の物理学では「角運動量」と呼ばれている．「面積速度一定の法則」は「角運動量一定の法則(角運動量保存の法則)」(「フィギュアスケートのスピンの原理」でもある)と同値になる．

●問題 3.6.1(楕円軌道の法則と面積速度一定の法則からの逆二乗の法則の証明)

実数 t に対して実数 θ が定まり，実数 t と実数 θ に対して実数 $r(r>0)$ が定まるとする．そして，$B = r^2\dfrac{d\theta}{dt}$ と置く．（1）〜（4）を示せ．

（1）　$\left(\dfrac{d^2 r\cos\theta}{dt^2}, \dfrac{d^2 r\sin\theta}{dt^2}\right)$

$$= \left\{\frac{d^2r}{dt^2} - r\left(\frac{d\theta}{dt}\right)^2\right\}(\cos\theta, \sin\theta)$$
$$+ \left\{2\frac{dr}{dt}\frac{d\theta}{dt} + r\frac{d^2\theta}{dt^2}\right\}(-\sin\theta, \cos\theta).$$

（2） $2\dfrac{dr}{dt}\dfrac{d\theta}{dt} + r\dfrac{d^2\theta}{dt} = \dfrac{1}{r}\dfrac{dB}{dt}.$

（3） $r = \dfrac{b^2}{a + c\cos\theta}$ ならば，

$$\frac{d^2r}{dt^2} - r\left(\frac{d\theta}{dt}\right)^2 = \frac{c\sin\theta}{b^2}\frac{dB}{dt} - \frac{aB^2}{b^2r^2}.$$

（4） $r = \dfrac{b^2}{a + c\cos\theta}$ で B が一定ならば，

$$\left(\frac{d^2 r\cos\theta}{dt^2}, \frac{d^2 r\sin\theta}{dt^2}\right) = -\frac{aB^2}{b^2r^2}(\cos\theta, \sin\theta).$$

●解答 3.6.2(問題 3.6.1 の解答，（2），（4）の解答は省略)

（1） $\left(\dfrac{dr\cos\theta}{dt}, \dfrac{dr\sin\theta}{dt}\right)$

$$= \frac{dr}{dt}(\cos\theta, \sin\theta) + r\frac{d\theta}{dt}(-\sin\theta, \cos\theta)$$

となるので，

$$\left(\frac{d^2r\cos\theta}{dt^2}, \frac{d^2r\sin\theta}{dt^2}\right)$$
$$= \frac{d^2r}{dt^2}(\cos\theta, \sin\theta) + \frac{dr}{dt}\frac{d\theta}{dt}(-\sin\theta, \cos\theta)$$
$$+ \frac{dr}{dt}\frac{d\theta}{dt}(-\sin\theta, \cos\theta)$$
$$+ r\frac{d^2\theta}{dt}(-\sin\theta, \cos\theta)$$
$$+ r\left(\frac{d\theta}{dt}\right)^2(-\cos\theta, -\sin\theta)$$
$$= \left\{\frac{d^2r}{dt^2} - r\left(\frac{d\theta}{dt}\right)^2\right\}(\cos\theta, \sin\theta)$$
$$+ \left\{2\frac{dr}{dt}\frac{d\theta}{dt} + r\frac{d^2\theta}{dt}\right\}(-\sin\theta, \cos\theta)$$

となる．

（3） $\dfrac{dr}{dt} = \dfrac{b^2c\sin\theta}{(a + c\cos\theta)^2}\dfrac{d\theta}{dt} = \dfrac{cr^2\sin\theta}{b^2}\dfrac{d\theta}{dt}$

となるので，

$$\frac{d^2r}{dt^2} = \frac{2cr\sin\theta}{b^2}\frac{dr}{dt}\frac{d\theta}{dt}$$
$$+ \frac{cr^2\cos\theta}{b^2}\left(\frac{d\theta}{dt}\right)^2 + \frac{cr^2\sin\theta}{b^2}\frac{d^2\theta}{dt^2}$$

となる．ゆえに，

$$\frac{d^2r}{dt^2} - r\left(\frac{d\theta}{dt}\right)^2 = \frac{cr\sin\theta}{b^2}\left\{2\frac{dr}{d\theta}\frac{d\theta}{dt} + r\frac{d^2\theta}{dt^2}\right\}$$
$$+ \frac{r(cr\cos\theta - b^2)}{b^2}\left(\frac{d\theta}{dt}\right)^2$$
$$- \frac{cr\sin\theta}{b^2}\left\{2\frac{dr}{d\theta}\frac{d\theta}{dt} + r\frac{d^2\theta}{dt^2}\right\} - \frac{ar^2}{b^2}\left(\frac{d\theta}{dt}\right)^2$$
$$= \frac{c\sin\theta}{b^2}\frac{dB}{dt} - \frac{aB^2}{b^2r^2}$$

となる．

万有引力の法則の発見といえば，りんごの木の逸話である．この逸話を後人による作り話だと信じて疑わない人が多いようだが，ニュートン自身がその逸話を語ったという記録がある，という話をときどき目にする(文献［3.7］など)．作り話だったとしても，ニュートン自身による作り話だったようである．

●連載第３回の参考文献

［3.0］ 遠山啓『数学入門』岩波新書，1959 年(上巻)，1960 年(下巻)．

［3.1］ 結城浩『丸い三角関数』SB クリエイティブ，2014 年．

［3.2］ 芳沢光雄『無限と有限のあいだ』PHP サイエンスワールド新書，2013 年．

［3.3］ 小島寛之『数学幻視行』新評論，1994 年．

［3.4］ 和田純夫『プリンキピアを読む』講談社ブルーバックス，2009 年．

［3.5］ 酒井邦嘉『高校数学でわかるアインシュタイン』東京大学出版会，2016 年．

［3.6］ 山本義隆『世界の見方の転換 3　世界の一元化と天文学の改革』みすず書房，2014 年．

［3.7］ 高野義郎『力学の発見』岩波ジュニア新書，2013 年．

(みやなが・のぞみ／日本数学協会幹事)

薩日娜著『日中数学界の近代——西洋数学移入の様相』

A5 判，424 ページ，本体 8500 円，臨川書店，2016 年 12 月

2016 年もまさに押し詰まった 12 月 31 日，臨川書店より薩日娜氏の『日中数学界の近代』が発刊された．薩日娜は「サリナ」と読む．薩日娜氏はモンゴル族で，薩日娜はその民族名を漢訳したものである．以前，モンゴル名には苗字と名前との区別がないと聞いたが，本書の奥付や裏表紙には Rina Sa と書かれているから，薩を姓，日娜を名に当てているようである．

薩日娜氏は内モンゴル師範大学を卒業後，同大学院，同講師を経て，東京大学に留学された．そして 2008 年に学位論文「清末中国と明治期の日本における西洋数学の受容——両国間の文化と教育における交流を中心に」によって博士号を受領され，現在は上海交通大学の准教授である．薩日娜氏はこの学位論文をもとにして，2016 年 8 月に中国において『东西方数学文明的碰撞与交融』(上海交通大学)を刊行され，引き続いて日本で本書を刊行されたのである．

本書は日本の明治期および中国清末における西洋数学の受容の過程を分析したものである．日本は古代から江戸時代に至るまで一貫して中国を師と仰いでいたが，明治なると一転して西欧社会を師として国の発展を進めた．この時期の日本と中国とにおける西洋数学の受容のあり方および日中両国の交流が本書の主題である．

以下，少し詳しく本書を紹介しておきたい．

本書はまず全体を要約した序論に続いて，

・第 1 部「清末中国の数学教育」，

・第 2 部「近代日本の西洋数学」，

・第 3 部「学制公布と西洋数学の普及」，

・第 4 部「清末における教育制度改革」

の 4 部からなる．

第 1 部「清末中国の数学教育」は

・第 1 章「清末中国の数学教育」，

・第 2 章「洋務運動期の数学教育」

からなる．ここでは日清戦争以前の中国における西洋数学の受容がまとめられる．この時期には宣教師による(布教のための)西洋数学の紹介があり，また中国自身も西洋の言語を学んだが，儒学教育中心の中国においては日本におけるような西洋数学の導入が行われなかった．これが(西洋数学の伝来は日本よりも早かったにもかかわらず)結果として日本よりも西洋数学の導入が遅れた原因であったと指摘される．

第 2 部「近代日本の西洋数学」は

・第 3 章「軍事教育施設と語学所」，

・第 4 章「訓点版漢訳西洋数学書」

からなる．第 3 章では長崎海軍伝習所，開成所，横浜仏語伝習所，静岡学問所，沼津兵学校といった当時を代表する教育施設の概要とそれらに関係する代表的な人々，小野友五郎，柳楢悦，神田孝平，神保長致，川北朝隣などが取り上げられる．近世日本数学や数学教育史に関心のある読者にはよく知られた組織，人物ばかりであるが，要領よくまとめられている．一方，第 4 章では漢訳された西洋数学書の日本への伝搬について述べられた後，華蘅芳の『代数術』の神保長致による訓点版について詳しく分析される．従来この『代数術』はウォレスの *Encyclopaedia Britannica* (8th ed. 1853) vol. 2 の Algebra の項であるとされてきたが，著者は両者を詳細に比較し，『代数術』の底本はその Algebra の項の元となったウォレスの別の *Algebra* (1812) であろうと結論づけている．しかし，その *Algebra* は当時の書物目録にはないとのことであるから，この結論に関してはさらに探索されるべきであろう．それはともかく，本書では神保による訓点版と漢訳版とが詳細に検討され，訓点版の特徴が述べられる．この部分は華蘅芳の『代数術』への簡便な入門ともなっており，明治期の数学史，数学教育史に関心のある読者は興味をそそられるであろう．

第 3 部「学制公布と西洋数学の普及」は

・第5章「学制公布と西洋数学の普及」,
・第6章「日本数学界の変遷」,
・第7章「西洋化する日本の数学界」

からなり，日本の教育制度，数学団体の発展に関して述べられる．第3部の中心は第6章であり，そこでは東京数学会社，東京数学物理学会，および訳語会に関して詳細な分析がなされる．

第4部「清末における教育制度改革」は

・第8章「日本をモデルとした教育改革」,
・第9章「中国人留日学生の数学教育」,
・第10章「中国における近代数学の発展」

からなる．第3部で検討された日本の教育制度は清末中国に影響を与えた．すなわち，日清戦争に敗北した結果，それまでの洋務運動から変法自強運動への変化が引き起こされ，明治維新を模範とする強化政策が進められたのである(それは1904年の奏定学堂章程に結実した)．その過程で中国は西洋の数学，科学技術の導入を進め，日本への留学生も多数にのぼった．著者の言葉によれば「日本への留学ブーム」が起こったのである．第8章では康有為，梁啓超，譚嗣同，張之洞，姚錫光，羅振玉，周達といった人物を中心に清末の教育改革が記述される．第9章は日本への留学生が受けた教育が成城学校，東京大同学校，第一高等学校を中心に述べられる．ここではこれまで日本人が注目してこなかった中国人留学生について，その背景，受けた教育などについて丹念に資料を調査している．そして第10章では日本の数学の教科書の漢訳の経緯と，帰国した留学生の中国における貢献が述べられる．

本書には最後に「結論　中日数学の近代化が意味するもの」が設けられている．清末中国においては李善檷，華蘅芳などが宣教師とともに西洋数学の紹介を進め，これらは日本が西洋数学を導入するに当たっての主な資源であった．しかし1880年代になると日本は西洋数学書を直接翻訳するようになり，20世紀に入るとその成果が中国の数学界に影響を及ぼし始めたのである．日中両国がそのような経過を辿った根本的理由を，制度，思想，社会背景の面から考察したのがこの結論部分である．

本書は薩日娜氏の丹念な資料調査，文献解読に基づく実証的な研究の成果であり，いくつもの新発見が含まれている．その結果，序論や結論を含めると本文だけで370ページの研究書となったが，全体の「序論」,「結論」のほか，各部には最初に「概要」が与えられ，また各章末には「まとめ」が与えられて，常に全体の構成が意識されるように工夫されていて読みやすい．また，本書は第1部が42ページ，第2部が62ページ，第3部が118ページ，第4部が116ページとなっていて，学制以降の明治期日本の分析(第3部)と日清戦争以降の清末中国の分析(第4部)とを中心として，全体のバランスがよく取られている．

評者は特に明治期日本の西洋化を中国から眺める構図となっている第4部を興味深く読んだ．これまで(洋行した日本人数学者に関する知識はあっても)結局は日本国内の問題として，いわば閉じた歴史を見ていたものが，本書によって急に視界がひらけ，東アジアの中の日本を意識するようになったのである．これまでの狭い思索が解き放たれたことは一種の衝撃でさえあった．本書は薩日娜氏でなければ書けない一冊である．そして一個の新しい研究分野が手に取るように感じられる一冊である．このような書物を手に取れることはまことに幸いというべきであろう．

小川 束(おがわ・つかね／四日市大学)

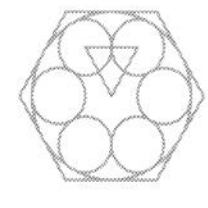

数学月間(SGK)だより

谷 克彦

今年(2016.7.22)の数学月間懇話会は，数式の出ない一風変わった講演会になりました．数学月間は，数学同好者のためでもないし単なる数学の講習会でもありません．《数学と社会の架け橋》を目指しているのですから，今年のような数学月間の姿やテーマは，数学月間の原点であるとも言えましょう．今年の参加者は35人を数えました．

(1) 数学者って，どんな顔をしている？

——亀井哲治郎・河野裕昭(亀書房・写真家)

始めの話題は，JIR(ジャーナリスト・イン・レジデンス)という活動の紹介です．編集者の亀井氏は，写真家の河野氏と組んで，数学者へのインタビューと写真撮影を続けて，すでに170人を超える人たちを取材したといいます．お二人が掛け合いで写真の説明をされ，撮影時の様子やエピソードを聞くことができました．まず，いろいろな講義風景が印象的でした．200人も入る教室に4人の学生という寂しくも贅沢な風景，オーケストラの指揮者よろしい講義ポーズなど，写真に切り取ってみると案外面白いものです．一方では，数学者の教室外の生活感のあふれる写真「耕運機を運転している姿など」もありました．

(2) 世論調査は正しいか？

——松原 望(東京大学名誉教授，聖学院大学)

議席事前予想(いわゆる世論調査)と開票実況中継(いわゆる「当確」打ち)の話がありました．世論調査は，ランダム・サンプリングで得たサンプル集合で行いますが，ランダム・サンプリングが本当にできているかは怪しい．性質(人口規模，地方性，産業構成など)が似ている地域を1つの層として，全国を180に層別し，これをもとに3,600人をサンプリングする方法(1963年の実施例)が紹介されました．最近は，ビッグ・データによる解析も行なわれるようになり，参院選(2016年7月)の予測では，かなり当たったことも記憶に新しい．あらゆるデータが収集され，論理的な因果関係を不問にして，予測目的で使われるのを，気持ちが悪いと思うのは筆者だけではないでしょう．データ保護，調査の倫理，政治への従属，操作誘導など，心配ごとが今後に残されています．

さて，開票は田舎から開いて都市部は遅れるのだが，報道各社は一刻も早く当確を打ちたがる．しかし，自分の投票が開票されてもいないのに，当確が決まって良いものだろうか．「自分は正規分布の一点でしかない」と思い知らされるのだから，議席事前予想や当確予想が外れると快哉を叫びたくなる．過去には，当確が取り消しになった事例もあるそうだ．開票率，得票率の推移を見て，少なくとも開票率50%，あるいは，60%になってから，当確を打てば大体間違いはなく，松原氏が実際に当確判定に携わった1983年総選挙の新潟3区，田中角栄の得票率推移が例に紹介された．

(3) がん登録の可能性

——田渕 健(都立駒込病院，東京都がん登録室)

駒込ピペットは，感染症の避病院であったこの病院の発明(140年前)だそうだ．今年(2016年)新たにがんと診断される患者は，101万人を超える予測で，98万人(2015年)，88万人(2014年)と増加し，この3年間のがん死亡も，年間37万人程度だが増加傾向です．2014年から，多いがんのランキングや死亡率などが話題になり，がん検診も叫ばれています．ただし，過剰検診の問題もあり，がん検診を増やすことがどれほど有効なのかはわかりません．がん罹患率の統計が整備されると，過去のがん罹患数データから，今年のがん罹患数を予測したり，次のようなことに使えます：・助かるのか助からないのか？　どのくらいの人が助かるのか？/・同じような病気の人がどのくらいいるのか？/・この病気を治してくれる病院があるのか？/・どんな治療法があるのか？　治療成績に違いがあるのか？

がん登録推進法は，遅ればせながら今年スタートしました(人口統計は，明治に確立している)．がん統計は，データ収集→処理登録→統計解析の流れで行い，特に，生データからがん登録を行うところが，混沌としていてとても難しい．これは数学者の仕事ですが，数学者の参入がないのは困ったことです．

その混沌を具体的に見ると：・がん登録の届け出がされていない/・複数病院からダブって届けられる/・一人で多重がんをもつ，などの状態が生データにあるので，まず，同一性の判定が必要になります．死亡状況から，届け出がなかったがんを判定発見する作業も必要です．病院は電子カルテに変わった(医者が患者の顔を見なくなった)のだが，そのカルテ情報が構造化されていないので，残念ながら統計には役に立たないそうです．

病気を分類し，がんの定義を満たすリストを作る．そして，いろいろな届け出病名から，がんを特定する．例えば，「肺炎」と言っても肺がんが含まれているかもしれない．また，「心不全」は死因ではないので，死因の特定には，第1次原因，第2次原因，……，第5次まで見ることが必要になります．

いずれにしろ，生のデータは斯様に混沌としている．同値関係を定義したり，同値分類したりしてデータの構造化をする．これは数学者の仕事にほかなりません．

(4) 筆者からの追補

今年取り上げた「世論調査」と「がん登録」は，現在の社会が直面するホットなテーマです．これらに関連するその後の話題をここで追補します．

■毛髪1本で乳がん検診

毛髪は約1 cm/月の割合で伸びます．15 cmの毛髪ならその中に15ヶ月間の健康状態の記録が残されています．毛髪中に含まれるいくつかの元素(カルシウム，ストロンチウム，カリウム，ナトリウム，など)の分布状態(濃度の時間変化の記録)を調べて，がん検診(特に乳がん)ができるという新手法を，千川純一氏(ひょうご科学技術創造協会)が，2003年からSPring-8(放射光X線施設)で研究を始め，結果を2014年に論文発表しています．毛髪1本を抜いて送れば，がんの検診ができるとなると画期的です．この検査は人体への負荷や危険は全くありません．このがん検診法は，多くの臨床例や検体を集め，実証研究をする段階にあります．ランダム化検体でブラインド試験や，その判定のための統計学的な手法，ROCカーブを用いた識別因子の決定など，まさに数学の出番です．

■今年の米国大統領選の予測はずれ

米大統領選は，1票でも得票が多かった陣営がその州の選挙人を総取りするので，効率的に票獲得をすれば，少ない総獲得票数でも，選挙人数で逆転が可能です．各州の予測得票数にある不確定さが非線形に増幅され獲得選挙人数に影響するので，予測が大きく外れる傾向があります．

今回，大方の予想は，クリントンがトランプに選挙人で70人近い差の圧勝でしたが，結果は逆でした．ただし，総獲得票数は反ってクリントンの方が若干多いのです．支持率調査の全米平均値では，この状態をほぼ正しく予測したものの，州によっては大きく外れ，これが獲得選挙人数で大逆転を起しました．州によっては正しくランダム・サンプリングができなかったのです．特に，生産拠点の国外流出で，労働者や黒人層に移動混乱があるミシガン州(すたれたベルト地帯)などでは，その層のサンプルが少なく母集団の構成比が反映されなかったと思われます．また，ほとんどのメディアが，クリントン支持を意図的に流し，世論誘導をしたことと，トランプの乱暴な発言のため，トランプ支持を表明しない隠れトランプを生み，正しいサンプリングにならなかったのも原因の一つです．世論調査には数学的に批判されるべき問題がかなり存在するようです．

(たに・かつひこ／SGK世話人)

日本数学協会事務局　行
FAX：０３－５２６９－８１８２

平成　　　年　　　月　　　日

日　本　数　学　協　会　　御中

入会申込書（正会員用）

<table>
<tr><td colspan="3">ふりがな
氏　名　　　　　　　　　　　　　印</td><td>性　別
男・女</td><td>昭和　　年　　月　　日生
平成
（西暦　　　　年）</td></tr>
<tr><td colspan="5">ふりがな
〒（　　　－　　　）
自宅　　　　　　　　　　　　TEL
住所　　　　　　　　　　　　FAX</td></tr>
<tr><td>E-mail
アドレス</td><td colspan="4"></td></tr>
<tr><td>勤務先</td><td colspan="2"></td><td>役職名</td><td></td></tr>
<tr><td rowspan="3">連絡先</td><td colspan="4">□　自宅　・　□　勤務先　（いずれかにレ点をつけてください）</td></tr>
<tr><td colspan="4">〒（　　　－　　　）

住所</td></tr>
<tr><td colspan="2">TEL：</td><td colspan="2">FAX：</td></tr>
<tr><td>会員名簿で
公開可能な
個人情報</td><td colspan="4">□　E-Mail　　□　FAX
□　TEL　　□　公開しない
（いずれか１つにレ点をつけてください）</td></tr>
<tr><td>所属希望
分科会</td><td colspan="4">□　珠算・和算分科会　　□　数学活用分科会
□　算数・数学教育分科会　　□　数学・数学関連領域研究分科会
□　数楽分科会　　（いずれか１つにレ点をつけてください）</td></tr>
</table>

注）①入会を希望される場合は，この申込書をご送付いただくとともに，正会員会費（年額4,000円）と入会金（1,000円）の合計5,000円を以下の口座に郵便振替にてお振込みください。

振込口座　　加入者名；日本数学協会
　　　　　　口座番号：００１００－３－５７４３５４

②会員名簿には，氏名，都道府県名，所属分科会名のほか，連絡先のE-mail，FAX，TELのいずれか１つの個人情報を公開しますので，公開してよいものにレ点をつけてください（E-mail，FAX，TELのいずれも公開したくない場合は「公開しない」にレ点をつけてください）。

「それならもう、あの二人の旅は……」
「終わりにするそうです」
昼食をごちそうになった和は、その夜は、善兵衛の紹介で横浜村の吉右衛門の家に泊めてもらった。
次の日、野辺地まで戻った和は、そこで小山田勇右衛門へ宛てた手紙を出した。大畑での出来事をしたため、渡せなかった勇右衛門の森田屋五兵衛への手紙を同封した。
奥州街道をさらに西へ向かった和は、次の馬門（まかど）宿で一泊し温泉に入ることにした。ここ数日、色々なことがあったし、この先の狩場（かりば）沢（さわ）には関所があるので、旅のひと区切りを温泉でゆっくりしたかったのである。
海が見える露天風呂に入りに行くと、岩場でたばこをふかしている客がいた。振り返ったその顔は藤兵衛だった。
翌朝、和は、温泉宿の前で、奥州街道を戻る藤兵衛と別れた。
旅をしていると、峠を越えたり、追分があったり、関所があったりする。そして、色々な人との出会いがある。旅は人生とよく似ていると思う。
山口和のみちのくの旅はまだ続く。

[了]

（なるみ・ふう／作家）
（たかやま・けんた／画家）

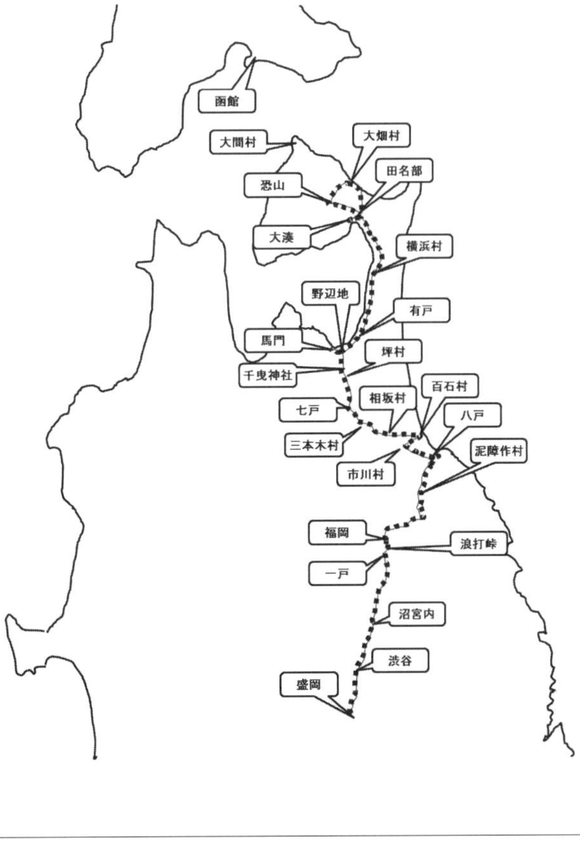

よくこんなところへ建てたものだ、と思うほど立派な恐山菩提寺に参拝してから、和はさらに北へ向かう山道に分け入った。

ここから大畑村まで、四里をくだる山道だった。途中で何度か和はかもしかを見た。躍動的な生命の輝きを感じた。

山をくだりきり、海が見えてきたところが大畑だった。浜に上げられた船が何艘も並んでいる。海原の先に、黒々とした蝦夷地が見えた。和が初めて見る海峡だった。静かな夕暮れどきだったが、海面の下は潮が激しく流れているような気がした。

（これが、みちのくさいはての海なのだ）

今日は山道をずいぶん歩いたので、さすがの和も疲れていた。

探している森田屋五兵衛より先に、旅人を泊めてくれるところが見つかった。大町にある廻船問屋、岩田屋太兵衛の屋敷だった。

江戸から来たと話すと、主人の太兵衛が出て来た。若くて理知的な顔をした男だった。

「森田屋五兵衛をご存じありませんか」

和の質問に、太兵衛は懐かしそうに答えた。

「五兵衛さんなら、箱館へ行きましたよ」

「蝦夷地の？」

「はい」

五兵衛は野心的な男で、北前船の寄港地であるここ大畑だけでなく、さらにこの先の大間や佐井でも商いを広めようと奔走した。しかし、古くからいる同業者ともめることが多く、新天地を求めて海峡を渡ったのだという。

「まっすぐな気性の人でした。よく先代の父がこぼしていました。相手の間違いを正すのが好きで、また、それを認めないのを許せないのは困ったものだ、と。手前は内心、五兵衛さんの方が正しい、と思っていましたが、今にして思うと、痛い思いをする前に良い勉強をさせてもらった気がします」

「数学の話は聞いていませんか」

「こちらへ来てまもなく、数学塾を開きましたよ。跡を継ぐ前でひまを持て余していた手前も、誘われて入門しました」

廻船問屋としての仕事に加え、同業者とのもめ事で忙しくなり、数学塾は長く続かなかった。それでも五兵衛は、大畑の八幡宮に最初に算額を奉納するのは自分だと、準備を進めていた。しかし、その夢も果たせないまま、ここを去ったという。

「五兵衛さんから教えられた数学はどうでしたか？」

「世の中にあんな面白いものがあるとは知りませんでした」

その夜遅くまで、和はさまざまな問題とその答えを太兵衛に説明した。翌朝、和が出発するときには、太兵衛が弟子の一人に加えられていたのはいうまでもない。

大畑の八幡宮に参拝した和は、ここで最初に算額を奉納するのは岩田屋太兵衛になるだろうと思った。

約束通り、大畑の帰りに、田名部の木屋善兵衛の家に寄った。

「あのときの夫婦が、恐山の帰りに寄ってくれましたよ。残念ながら坊やは鷹にさらわれて命を落としたが、今でも両親のことが好きで、あの世で見守っているといってくれたそうです。夫婦は口寄せを聞いた後、恐山に行って、坊やの霊をなぐさめてすっきりしたと涙ぐんでいました」

今度は亭主の方が答えた。

「子どもを探すのが目的でした。でも、ほんの出来心だったんです。腹が減ってしようがなかったので、何か食い物はないかと。賽銭箱には手をつけてはいません。見つかって胆をつぶしました」

この夫婦は、今もぎりぎりの旅を続けているのに違いない。その軽い財布の中身をはたいてでも、イタコの霊感にすがろうとしてここへ来たのだ。

しかし、ここで会えてよかった、取り上げた銭を返せてよかった、きっと父さんの導きだ、と和は思った。

なぜか急に腹が減ってきたぞ、と善兵衛はとぼけてからいった。

「きっと坊やの行方はわかりますよ。さあ、山口先生、帰りましょう」

善兵衛に背を押され、和は、ヤマガラ使いの夫婦にまた頭を下げて歩き出した。

四　旅と人生

五月二日の朝、帰りにまた寄ってください、と念を押す善兵衛に頭を下げ、和は恐山へ向かった。

善兵衛の話では、四里の山道をのぼることになる。恐山は特定の山の名前ではない。しかし、目印になる山の頂をいくつか教えてもらった。恐山街道と呼ばれる山道は、濃い樹木の間を通る長い長い参道だった。

足の速い和は、途中で何組かの巡礼者たちを追い越した。イタコの口寄せで父の声を聞いた今、父が旅立った場所を見ることに抵抗はなかった。恐山に行く和を拒んでいたのは、海風でも荒涼な風景でもなく、和自身の慚愧の念だったのだ。

やっと峠を越えたと思ったら、盆地のような場所に出た。ゆでたまごに似た硫黄の匂いが鼻をついて、和は顔をゆがめた。

地面の感触がにわかに変わった。ごつごつした大小の石が、足元から前方に向かって、不思議な景色を作っていた。

先に到着していた巡礼者が、茫然と立ちすくむ和に、

「ここは賽の河原じゃ」

と怒ったような顔で教えてくれた。

三途の川と呼ばれる川まであった。

ここには、魚も鳥も虫さえも生きて動いているものはいないような気がした。

異様な景色は、子どものころ近所の寺で見た地獄絵とよく似ていた。恐山は死者があの世へ旅立つ場所だという意味がわかった。

(でも、父さんは地獄へなんか行くわけがない)

山道をのぼりきった高地に、大きな湖(宇曽利湖)があるのも不思議だった。ほぼ円形で、直径にあたる向こう岸まで、目測で一里の半分近くありそうだった。

周囲を山に囲まれ、満々と水をたたえている。広大な湖面が、地獄の風景と不釣り合いなほど美しく青い空を映している。ところどころ黄や緑の帯が交差していた。波打ち際の浜は極楽浜と呼ばれていた。

(父さんは極楽にいるに決まっている)

和は、ふところから別に包んでおいた銭を取り出して、亭主に渡そうとした。亭主は体を引いて受け取ろうとしなかったので、和は女房に頭を下げながら包みを差し出した。

「あれ以来何となく寝起きが悪くて、こうして口寄せにも来ているのだ」

そういうと、ようやく女房は納得し、包みを受け取っていった。

「その方が気がすむのでしたら」

和はまた頭を下げた。

「事情はよくわかりませんが、すべてまるくおさまった、そういうことですな」

善兵衛は笑顔でそういうと、女房の方へ向き直って尋ねた。

「お前さんたちも、口寄せに?」

女房は少し困った顔をしたが、亭主の方へちらりと視線を送ってから答えた。

「子どもの行方を知りたくて」

二人には三歳の男の子がいたが、ある日、家の前で一人で遊んでいるときに、神隠しにあったのだという。悪い人にかどわかされたのだと決めつける者もいたが、近所でそんな話も聞かなかったので、天狗（てんぐ）にさらわれたのかもしれないと思うようになった。

ところが、どこかの神社の境内で遊んでいるのを見かけたという噂を聞いて、夫婦は子どもを探す旅に出ることにした。もうかれこれ一年近くなるという。

「千曳神社へも行きましたね」

和の言葉に夫婦の顔色が変わった。

「恐山にあるのは、お父さんがあの世へ旅立つとき通った道です。ここから西の大湊（おおみなと）に知り合いのイタコがいます。せっかくだから、口寄せをしてもらいましょう。そして、直接、お父さんと言葉を交わすのがいい。けっして後悔はしませんよ」

和は藤兵衛の言葉も思い出した。

わずかな酒で酔ったせいだろうか。急に涙がにじんできて、和は善兵衛の申し出を断ることができなかった。

翌五月一日、善兵衛と宿を出た和が案内されたのは、港近くの狭い坂をのぼったところにあるしもた屋だった。その辺は低い屋根の家が肩を寄せ合うように、しかし入り組んだ小道をはさんで並んでいた。

昨夜のうちに善兵衛が使いを送って頼んであったので、おまさという名のイタコは準備をして待っていてくれた。

薄暗い座敷の奥におまさがすわっていた。盲目のおまさには不要なろうそくが数本、来客のために立てられていた。

方言がきつくてよく聞き取れなかったが、

「お父さんは亡くなって百日以上過ぎているか」

という確認から、儀式は始まった。

おまさは、木の実や動物の骨などをつないだ不思議な数珠（じゅず）をつまぐりながら、しばらく祭文（さいもん）をとなえていた。やがて霊がのりうつったのだろう、ときおりにごった目を開きながら、言葉にならない唸（うな）り声（ごえ）を発し出した。

「もうすぐお父さんが語り出しますよ」

横から善兵衛にささやかれ、和は緊張した。

気のせいか、ろうそくの炎が揺れ出した。

「やっとわしに会いに来てくれたか」

父の声そのものではなかったが、さっきまで聞いていたおまさの声ではなかった。

「立派になったお前の姿を見れてうれしい」

「ほ、本当か、父さん。ひとかどの数学者になってすぐ帰るっていったけど、何年経（た）ってもなれなかった。父さんの死に目にも会えなかった。許してくれ」

「母さんが心配している。できるだけ早く帰って安心させてやってくれ」

「わかった。そうする」

和は涙が止まらなかった。悲しいのではない。死に目に会えなかった父親に会えてうれしかったのだ。そして、父は和を恨んではいなかった。

善兵衛に肩を抱きかかえられておまさの家を出た和は、目の前にヤマガラ使いの夫婦が立っていたので、びっくりした。

驚いているのは相手も同じだが、どちらもイタコの口寄せを目的に来たことはすぐに理解できた。

「いつぞやは、神社の境内（けいだい）でみっともないことをして、すみません……」

気丈な女房が先に口を開いたが、変ないい方だった。

「いや、謝るのはこっちの方だ。商売の邪魔をして悪かった。あのときの銭は返すから、許してほしい」

夕食の時間になると、善兵衛は自分の膳まで持って来て、和に酒をすすめた。和は下戸だが、ほんの少しだけなら飲める。

「山口先生は、どうして江戸にいないで、こんなみちのくの果てまで、数学を教えに来ているのですか」

「数学の面白さを多くの人に知ってもらいたいし、教えるのが楽しいからです。それに……」

「それに？」

「数学を学ぶために、わざわざ数学者のいる遠くまで行かなくてもいいように。私はもしかすると数学の道楽者かもしれません。越後国の片田舎から江戸まで数学修行に出ました。ぼやぼやしているうちに、父親の死に目にも会えなかった。親不孝者です」

「そんなことはないでしょう。ここまで、山口先生より力のある数学者と会ったことは？」

和はかすかに首を振った。

「ほら、ご覧なさい。小山田先生も舌を巻く大数学者です。もういつでも堂々と胸を張って故郷へ帰られるでしょう」

善兵衛に注がれてひと口酒をすすったが、苦い味がした。

「恐山には死者が通る道があると聞きましたが、本当ですか」

「ええ。ございますよ」

「大畑に行く前に寄ってみたい」

「ぜひ、そうされるといい。でも、山口先生の本当の気持ちは、亡くなったお父さんに会いたいのでしょう？　会ってひと言親不孝を詫びたい。そうですね」

和は盃を膳に戻し、深くうなだれた。

三　父の霊

有戸から田名部までの道は、砂浜の多い海岸線に沿っている。ほとんどまっすぐで、行き着いたところが田名部である。
　昨日まで晴れ渡っていた空が、今日は陰鬱な色に変わっていた。陸奥湾をはさんで、はるか西に見える津軽半島の山々も、そして、行く手に見える下北半島の山々も、どんよりした雲が重くのしかかっている。
　右手は荒涼とした山野が続いていた。どこまで歩いても人家は見られない。吹き付ける海風はしだいに強くなり、和の前進を拒んでいるようだ。
　有戸では宿屋が見つからず、辰之助という親切な漁師の家に泊めてもらった。老夫婦だけで、嵐で一人息子を失ったのだという。
　その夜、和は死んだ父親の夢を見た。無表情でひと言も発しなかったが、死ぬ前にひと目だけでも会いたかった、といっているようだった。
　辰之助夫婦に別れを告げて有戸を出発したとき、和は恐山に行く決意をしていた。
　迷信など信じない和だが、天候が急変したことがなぜか気になった。
　途中の横浜宿に着いた。有戸から五里、吹越烏帽子という山のふもとにある漁村だ。宿場とはいえないほど集落はまばらで、ひと休みできる茶店すらなかった。
　和は、街道から浜へおりて、砂地に直接すわった。潮を含んだ海風が吹き付けてくるが、それに負けまいとするように、和は白波の立つ海面をにらんだ。
　辰之助の女房が作ってくれた握り飯で昼食をすませ、街道へ戻るために歩き始めた和は、周辺に紅色の可憐な花が咲いていることに気が付いた。名前を知らないその花は、ハマナスだった。見ているうちに、こわばっていた気持ちがほぐれていくのを感じた。
　田名部まではさらに六里、強い海風、単調な道筋、荒涼とした風景、寂しい道中だった。
　夕方近く、田名部に着いた。下北地方を治める盛岡藩の代官所があるところだ。人家も多く、にぎやかだった。元町で旅籠を兼ねている、木屋善兵衛方にわらじを脱いだ。
　善兵衛は気さくな主人で、江戸から来たというと、喜んで話し相手になってくれた。
「大畑の森田屋五兵衛をご存じですか」
「はて、聞いたことのない名前だが……」
　いきなり予想外の返事をされて、和はとまどった。ここから大畑までは四里しか離れていない。廻船問屋をしているはずだと説明しても、首をかしげられた。
　しかし善兵衛は、盛岡藩の小山田勇右衛門を数学者だと知っていた。
「領内にお弟子さんがたくさんいますが、ここ斗南（下北半島地域のこと）にはいませんなあ」
　善兵衛は、そろそろ隠居して何か始めたいが、数学にも少し興味があるという。

る。

「この下に大石が埋まっているのですね」

「伝説だからなあ……」

　階段をあがって、格子の扉の奥を覗くと、暗い拝殿の左右の壁に絵馬が何枚も掛けられている。

　賽銭を入れ、鈴を鳴らして参拝したあと、恐る恐る中へ入ると、藤兵衛もついてきた。

　慎重に絵馬を見ていったが、残念なことに、算額は一面もなかった。

「算額はありません」

　と和が振り返るのと、とつぜん禰宜が現れたのが同時だった。かなりの年よりだ。

「お参りさせてもらっていました。壺の碑はここしかない、と話しながら」

　藤兵衛はしゃあしゃあと挨拶した。行商人のしたたかさだろう。

「昨日も、夫婦者が勝手に拝殿に入り込んでいたが、お参りは拝殿の外からでもできるじゃろう」

「すみません」

　和はすぐあやまったが、藤兵衛は世間話のように続けた。

「その夫婦者は、盗人に違いない。何かなくなったものはありませんか」

「いや、何も……。一喝すると、すぐ逃げ出した。あ、そうそう。慌ててこんなものをまき散らして行った」

　禰宜は、足元からいくつか拾い上げた。

「ここのではない、おみくじだ」

　和も一つ受け取った。おもちゃのように小さなおみくじだ。すぐ思い出した。ヤマガラ使いの夫婦が、ヤマガラに引かせていたおみくじだった。巻紙を開くと「小吉」と書かれてあった。

「何か心当たりでも？」

　禰宜に質問されたが、和は首を振った。藤兵衛に話してなくてよかったと思った。説明するとまたいやなことを思い出すからだ。

　社務所で茶を出してもらって、弁当をつかった。藤兵衛はたばこをふかしている。

「五十年ほど前にここは建て直したが、大石は見つからなかったなあ」

　禰宜は詳しく壺の碑との関係を話してくれた。旅をしているとときどき面白い話に出くわす。和にとって千曳神社の伝説は興味深かったが、ヤマガラ使いの夫婦のことが気になった。ここで何をしていたのだろう。この先で会えたら、盛岡でしたことの詫びを入れ、金を返さねばならないと思った。

　千曳神社から野辺地宿まで二里ほどだった。

　二人で北前船を眺めた後、奥州街道をさらに西へ向かう藤兵衛と和はそこで別れた。

「恐山に寄るのを忘れないように」

「藤兵衛さん、色々とありがとうございました」

　和は東の田名部街道へ進んだ。この先の有戸村の方が宿賃は安いだろうと藤兵衛が教えてくれた。

「死んだ人の霊を自分の体にとりつかせることのできる女をイタコといい、その霊の言葉を伝えるのが口寄せだ」

藤兵衛によると、生まれつき目が不自由でも、目明き以上に鋭い感覚を持った女が、血を吐くような修行を積んで、ようやくイタコになれるという。また、イタコは霊だけでなく、行方知れずになっている人の所在もいい当てる能力があるという。

「会いたい人がいたら、イタコに頼むといい。そうだ。山口先生なら死んだお父さんの声をもう一度聞きたいでしょう?」

旅をしながら人生経験を積んできた藤兵衛は、他人の気持ちを読むのも得意らしい。

藤兵衛のいう通りだが、本当に父の霊と語り合う自信は、和にはまだない。

会話をしながらも、旅慣れた二人の足取りは、まったくにぶることはなかった。藤兵衛は和より十歳くらい上だったが健脚だった。

そうして、半刻(約一時間)も歩いたろうか。藤兵衛が突然立ち止まった。目の前に川があり小さな橋がかかっている。

「坪川ですよ。向こうは坪村」

西の山奥から流れてくるのだろう。川の水は澄んでいて、水量は豊富だった。

「昔はこの辺を都母と呼んだそうだ。それがいつの日か坪になった。坂上田村麻呂が文字を刻んだ石つまり石文があったのはここで、壺の碑の由来になっている」

坪川や坪村といった地名まであるとなると、藤兵衛の話は本当かもしれない。たしかに、松尾芭蕉は平泉より北へは行っていない。ということは、芭蕉は『奥の細道』では勘違いをしたのだろうか。和の心が揺れ動いた。

しばらく行くと、右手に林があった。

「千曳神社はこっち。算額が見つかるといいですね」

そこまで話していないのに、また、和は気持ちを読まれた。

神社へ続く道は狭く、左右に並ぶ丈の高いまっすぐな木々に囲まれて、真昼なのに薄暗かった。

「杉か檜のように見えますが、ヒバですよ。この地方に多い木だ。見ての通り、樹齢はとても古い。千曳神社の創建は坂上田村麻呂ですから、およそ千年前です」

「千年前……?」

鳥居をいくつかくぐって、こじんまりした社殿の前に出た。

「伝説では、坪村にあった大石を千人で曳いて、ここに埋め、その上に作ったお社なので、千人曳き大明神つまり千曳神社といいます」

「でも、白木が新しい。とても千年の歴史を持っているように見えませんが」

「火事でもあって建て直したのでしょう」

二人は社殿に進んだ。

小粒の砂利を踏む音が林の中に吸い込まれるようで、しんとしている。空気までが時を刻むのを忘れたようにひんやりと静止している。気持ちが落ち着いていく。

「どうです。不思議な場所でしょう?」

和は霊感が強い方ではないが、確かに身の引き締まる思いがす

「千石（せんごく）積めるという北前船ですか」

「はい。大きな船ですよ。大畑へ行くには、そこから田名部（たなぶ）街道に入ります」

　数学愛好家との出会いが約束されていないのは少し寂しいが、北前船が見られるかもしれないと聞いて、それが楽しみになった。

　確かに奥州街道は歩きやすかった。西の方には雲を突くような山々が屏風（びょうぶ）のように連なっている。初夏を感じるような日差しだったが、爽やかな風が山から吹きおろしてきて、ずんずん歩いても汗ばむことはなかった。

　七戸宿（しちのへ）の茶店でひと休みした和は、腰掛から立ち上がりながら女主人に尋ねた。

「天気もいいし、この分なら日暮れ前に野辺地に着けますね」

「はい。でも、ここから五里（約二十キロ、一里は約四キロ）、途中にはもう宿場はありません。昼の弁当はお持ちですか。握り飯でよければ作ってあげますけど」

　弁当は弥五助の女房が持たせてくれたので、和はていねいに断った。

　すると、近くでたばこをふかしていた行商人らしい初老の男が、

「お前さん、ここから先は初めてのようだね」

　といきなり声をかけてきた。

　その通りだが、初対面でもあり、和は少し警戒して黙ってうなずくだけにした。

「もし戻って来ないなら、途中にある千曳（ちびき）神社は拝んでおいたら話の種になる」

「千曳神社？」

「壺の碑（つぼのいしぶみ）伝説のあるところ、といったらわかるかな」

「壺の碑は、仙台の近くの多賀城（たがじょう）で見てきましたが……」

　男は口から勢いよく煙を吐いて笑った。

「違う違う。あそこは多賀城の碑だ。昔から歌枕とされている壺の碑は、千曳神社の方だ」

『奥の細道』を読んで壺の碑を知っていた和には、男のいうことが信じられなかった。碑を見て古人の心に触れた芭蕉は、

〈羇旅（きりょ）の労をわすれて泪（なみだ）も落つるばかり也（なり）〉

　と感激の文章を残している。

「藤兵衛さんは、奥州街道を何年ものぼりくだりして稼いでいる人だから、いろんなことを知っているよ」

　女主人の言葉から、どうやら二人は顔なじみで、女主人も藤兵衛という男のいうことを信じていることがわかった。

「千曳神社は由緒ある神社だ。道案内してあげよう。その近くで昼飯だ」

「ああ、そうするといい」

　女主人に勧められた格好で、和は藤兵衛と道連れになった。

　藤兵衛は話好きで、その上、他人の興味を引くのがうまかった。和も知らず知らず自分のことを話していた。

「大畑まで行くのなら、恐山（おそれざん）に寄るべきだ」

「千曳神社の次は恐山ですか」

「イタコの口寄せを知っているか」

「何ですか、そのイタコの口寄せというのは」

保太夫の紹介状は効果的で、源右衛門は和を歓迎してくれた。しかし、数学好きなのは、源右衛門ではなく、ひとり息子の幸吉だった。

幸吉はまだ十五歳と若く、同じ村に住んでいる、八戸藩の隠居宮川喜左衛門から数学を学んでいた。

翌日、その宮川が源右衛門の屋敷へやってきた。江戸の優れた数学者が来ている、と源右衛門が知らせたのだ。宮川は興奮していた。八戸では中里保太夫の弟子だったという。幸吉も師の姿を見て、急に緊張し出した。

次の日も、和はみっちり数学を指導したが、幸吉の前ではなるべく宮川を立てるように心がけた。ときどき、八戸の中里保太夫を、一流の数学者だと表現した。

幸吉の真剣な表情に、和は水原にいたころの自分の姿を見る思いがしていた。数学者にあこがれて、江戸へ行きたいといい出しそうだった。そうなったら、ひとり息子を溺愛している源右衛門に悲しい思いをさせてしまう。

二十七日の朝、名残惜しそうにしている幸吉に、和はわざと冷たく別れを告げた。

「よく学んだので、いちおう弟子にしてやるが、お前は末席だ。宮川先生の下でもっともっと勉強しなければだめだ」

顔を紅潮させた幸吉に背を向けた和のふところには、源右衛門からあずかった手紙があった。ここから北東の方角にある、百石村の伝右衛門宛ての和の紹介状である。

そんな感じで、和は、次は百石村から西の方角にある相坂村の丸屋又六、さらに北西にある三本木村の名主弥五助へと訪ねて行った。

二　つぼのいしぶみ伝説

「ここから北には、本当に紹介できるような数学好きを知らないのです」

泊めてくれた三本木村の名主弥五助は、何度も頭を下げた。弥五助は特に数学好きというわけではなかったが、名主として必要な数学の知識はすべて持っていて、そろばんも達者だった。それを人へ教える力もあった。

「下北半島の大畑村まで、ここから何日ぐらいかかりますか」

南北に広く領地を有する盛岡藩だが、同じ領内なら知っていると思い、和は弥五助に尋ねた。数学を教えることのない旅が何日間も続くと、謝礼はもらえないし、宿泊や飲食の接待も期待できないから、困ったことになるのだ。

「そうですねえ。天気次第ですが、二日くらい、まあ三日もあれば着けると思います」

「それなら心配いりません。大畑村まで行けば、森田屋五兵衛に会えますし、数学好きもきっとたくさんいるでしょう。今日はどのあたりまで行ったらいいですか」

「奥州街道に出たら、道は北へ向かってまっすぐ伸びています。ほとんど平坦で歩きやすいですから、野辺地まで行けるでしょう。この港は北前船も寄るところです」

は深入りしなかった。

「私の父もふだんは温和な人でしたが、人の道に外れるような、たとえば嘘をつくとか、そういったことをすると、鬼のような形相(ぎょうそう)をして怒ったものです」

「お父上は、今もお元気ですか」

「私が江戸へ出て数学を修行している間に死にました。五年前のことです。旧家の三男に生まれた私は、土地を分けてもらってもよかったのですが、ひとかどの数学者になりたいという私のわがままを、父は許してくれました。だから、絶対に夢をかなえて故郷へ帰り、父へ恩返ししたいと思っていました」

和はそこで言葉に詰まった。

生前の父と、小山田勇右衛門の姿が、一瞬重なったのである。もし父が生きていて、今の自分を見たならば、ひとかどの数学者になっていないことよりも、人間的に成長していないことに失望するだろう。

「数学は奥が深く、修行すれば必ず上達するというものでもありません。好きな道でしたが、苦しさを感じることも増えてきました。そこへいくと、自分より力のない者に数学を教えることは、別の難しさはありますが、次第に喜びになってきました。数学を教えながら旅をするようになったきっかけでした」

保太夫は、ここから北へ行けば行くほど、数学愛好家は少なくなるだろう、と同情するようにいった。

「そうですか。しかし、小山田先生からは、下北半島の北の方、大(おお)畑(はた)村にいるという、森田屋五兵衛宛ての手紙を預かっています」

盛岡藩の領地は広く、下北半島も含まれている。八戸藩は、盛岡藩に抱かれるような位置にあるが、もともと十万石だった盛岡藩の一部二万石が独立した、同族の藩である。

「森田屋は、数学好きの廻船問屋(かいせんどいや)で、大畑で数学を広めるのが夢だそうです」

「大畑で数学が盛んなら、恥ずかしい話ですが、ここ八戸では、まだ誰も算額奉納すらしていません。このままでは、教えていただいている小山田先生へも、顔向けできません」

保太夫は、首の後ろをかきながら、苦しそうな表情をした。これではいけない、と本当に反省しているようだ。

長居したことを詫びて、和はいとまごいをした。腰を上げた和に、保太夫は、市川村で数学に取り組んでいる、吉田源右衛門(げんえもん)宛ての紹介状を書いてくれた。

市川村は八戸の城下町から北西の方角にあるが、そこへ行く前に、和はちょっとだけ八戸の港を眺めてみたくなった。

東西に長い城下町を、海に向かってまっすぐな道が貫いている。和は東のはずれまで歩いた。突然目の前に広がった紺碧(こんぺき)の海は、死んだ父を思い出して、少し落ち込んでいた気分を回復させてくれた。

城下町と並行するように、その北を馬淵川(まべちがわ)が流れている。和は、元来た道を戻って城下町を抜け、大きな木橋を元気な足取りで渡って、城下町に別れをつげた。

市川村の吉田源右衛門の屋敷は、その大きさから、かなり裕福な農家だとわかり、和はまた故郷の生家を思い出した。

恐山の山口和

鳴海　風＝作
高山ケンタ＝画

一　数学好きを訪ねて

老和算家の小山田勇右衛門の屋敷に四泊した山口和は、盛岡から奥州街道をさらに北へ向かった。

渋民宿近くの下田村で三泊して数学を教えた後は、沼宮内宿を通過。次の一戸宿で本陣に一泊し、浪打峠をこえて福岡宿から八戸につながる脇街道へ入った。和のふところには、そこの中里保太夫宛ての勇右衛門の手紙があった。和の紹介を兼ねた手紙だ。

泥障作村で一泊し、ようやく八戸城下に着いたのは、改元されたばかりの文政元年（一八一八）四月二十三日である。春の遅いみちのくでも、海にのぞむここは、もう青葉がまぶしく光を反射していた。

小山田勇右衛門から、中里保太夫は八戸藩では屈指の数学者だと聞いていた。その保太夫の屋敷は、藩の重臣の一人らしく構えは立派だった。

勇右衛門からの手紙を差し出すと、和はしばらく待たされた後、座敷へ通された。まもなく手紙を持って現れた保太夫は、勇右衛門と同年輩に見えた。最初に、取り込んでいてゆっくり相手をすることができないと申し訳なさそうな顔をしたが、それでも小半刻（約三十分）の雑談の時間を作ってくれた。

「小山田先生の手紙によると、山口先生は、江戸の数学道場の高弟とのことですな」

「どうか先生はおやめください。江戸にはすぐれた数学者が数え切れないほどいます。私など、もののかずにも入りません。それに、私は越後国水原の百姓の倅です」

「何をおっしゃる。この手紙には、一関の有名な千葉胤秀先生より実力が上だと書かれてありますぞ」

「え？　そんなことまで……？」

保太夫はしっかりうなずいている。

「小山田先生を尊敬する人は多い。人を教え育てるのが上手な方です」

「誉めていただくのはうれしいのですが、小山田先生からは、私がおとなげないことをしたと、父親のように叱られました」

「数学の大先生が叱られた？」

和は照れながら、数学遊戯の一つ百五減算を用いて見物人から金をとっていた、ヤマガラ使いの夫婦をこらしめてやった話をした。相手の数学の力をみくびって、その場で考えた百六十五減算で売上を横取りしたことを、弱い者いじめだと非難されたのである。保太夫は百六十五減算の理論がわからなかったようなので、和はそれに

編集委員会・事務局だより

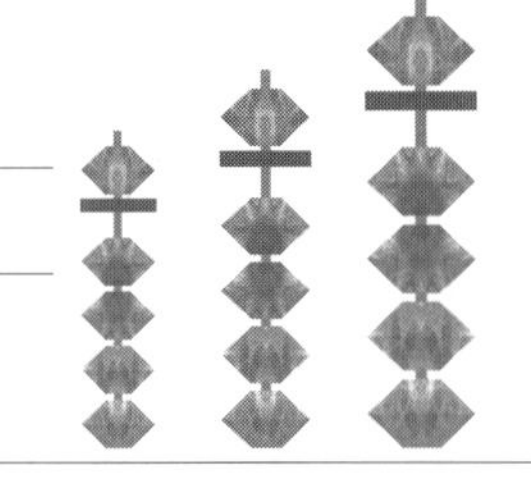

●今回は不等式を特集しました．三角不等式，相加相乗平均などはよく知られた不等式ですが，その他にもいろいろ重要な不等式，興味深い不等式があります．今回採りあげられるのはそのうちのほんのごくわずかにすぎませんが，楽しんでいただければ幸いです．執筆者の先生方に改めて感謝いたします．

● 2017年1月7日～8日，恒例の新春特別講義《リーマンに始まる数学》が東大本郷キャンパスのダイワユビキタス学術研究館で開催され，上野健爾「複素数の微積分――オイラー・コーシー・リーマンが考えたこと」，桂利行「リーマン面をめぐって」，清水勇二「リーマンから始まる幾何学」，小林富雄「リーマンから始まる物理学」の4つの講演が行われました（敬称略）．

両日ともに120名を超える参加者があり，リーマンという魅力的なテーマも手伝ってか，熱気に溢れていました．

ただ，参加者のほとんどが社会人で，大学生10人くらい，高校生と中学生が各1人ずつと，若い人が少なかったことはちょっと残念でした．

●今号の発刊に関しては，なかなか編集会議の体制が整わず，今回もまた亀井哲治郎氏の尽力によるところが多くなってしまいました．忸怩たる思いがしているところです．ここに改めてお礼を申し上げます．【小川 束】

■昨年9月に開催いたしました臨時総会にて，正会員の年会費値上げ案が承認されました．平成29年度（2017年）から正会員年会費は4千円となりますので，何卒ご理解ご協力のほど，お願い申し上げます．

■日本数学協会の会員には「正会員」「賛助会員」「ヤング会員」の3種類があります．

正会員は入会金1千円，年会費4千円，当協会の事業を援助してくださる個人・法人・団体が対象の賛助会員は1口3万円です．ヤング会員は高校生以下が対象で，入会金免除，年会費1千円です．

ご入会いただくと，機関誌『数学文化』を年2回，会報を2～3回送付いたします（『数学文化』は最寄りの書店でも購入できますが，年2冊でほぼ年会費分に相当します）．

入会を希望される方は事務局まで，電話・メール・FAX・はがきなどでご連絡ください．入会申込書を送付いたします（本誌p. 90にも掲載）．入会金・年会費は郵便振替にて下記へご送金ください．

加入者名：日本数学協会

口座番号：00100-3-574354

多くの方のご入会をお待ちしております．【事務局】

数 学 文 化
Journal of Mathematical Culture

第27号
no.27

2017年2月28日 第1刷発行

●編 集
日本数学協会
（会長：上野健爾）
〒160-0011
東京都新宿区若葉1-10
TEL.(03)6821-3313
FAX.(03)5269-8182
E-Mail:sugakubunka@gmail.com
http://www.sugaku-bunka.org

●発 行
株式会社 日本評論社
〒170-8474
東京都豊島区南大塚3-12-4
TEL.(03)3987-8621［販売部］
FAX.(03)3987-8590
http://www.nippyo.co.jp

●造本意匠
海保 透

●印刷・製本
三美印刷株式会社

●ISBN978-4-535-60257-1